Androidスマホ&クラウド「超」仕事術

AKIZUKI DAISUKE
アキヅキ ダイスケ

C&R研究所

はじめに

最近はスマートフォン（「スマホ」）を持つビジネスパーソンが増えてきました。通勤電車内のビジネスパーソンを観察してみると、多くの人がスマホを使ってゲームをしていたり、動画を見ていたりしています。

スマホは非常に多くの機能を持っています。電話やWi-Fiなどの通信機能、音楽・動画再生、GPSを使った地図表示、内蔵カメラによる静止画・動画撮影……。そしてこれらの機能を利用して、種々さまざまな機能を実現する膨大な量のアプリケーション（「アプリ」）がユーザーに向けて公開されています。

そんなスマホを娯楽に使うのも、もちろん悪くはありませんが、少しもったいない気がします。せっかく高性能・高機能のスマホを持っているのであれば、これを仕事に活かさない手はないでしょう。特に朝の通勤時間は、仕事の「準備運動」をするにはもってこいの時間帯です。「いつでもどこでも」使うことができるスマホは、こんなときに大活躍してくれるのです。

Androidスマホ用のアプリを公開している「Google Play」には、「仕事効率化」と呼ばれるカテゴリがあります。このジャンルには、仕事の効率を向上させるためのアプリが数多く公開されており、みなさんも一度はこのジャンルのアプリのリストを眺めて、そのいくつかをインストールしたことがあるのではないでしょうか？

しかし、アプリをインストールしても自動的に仕事の効率が上がるわけではなく、使いこなせなければ意味がありません。

本書では、Android OSを搭載したスマホを対象に、「仕事に役立つアプリ」と「スマホから利用できる仕事に役立つクラウドサービス」の紹介と、その使い方をメインに解説します。具体的には次のようなことにスマホとクラウドサービスを活用していきます。

- **タスク管理 ⬇ 仕事やプライベートで「やらなければならないこと」を管理する**
- **メモ術 ⬇ 頭の中の情報を外部にメモとして書き出し、ストレスのない頭を作る**
- **情報収集 ⬇ ネットなどで仕事に役立つ情報を自動的に収集し、活用する**

紹介しているアプリを使いこなすことができれば、仕事で求められる成果をそれなりに出しながらも、毎日30分ぐらい早く仕事を切り上げることができるようになるかもしれません（その30分をさらに仕事に振り向けるか、プライベートに使うかはあなたの自由です）。

また、紹介しているアプリやクラウドサービスの多くは無料で利用することができ、費用を掛けることなく実践していくことが可能です。ぜひとも、手を付けることが可能なところから、実践してみてください。

筆者のブログタイトルは「シリアル・ポップな日々」となっています。「シリアル・ポップ」は筆者の造語です。日々をシリアルのように軽く、ポップに生きていこう、という心構えを表現しています。

人生はシリアスな出来事であふれています。あちこち問題だらけです。深刻になることでそれらが解決されるのであればいいのですが、現実はそうでもありません。であれば、日々を気楽に軽く、ポップに生きてみよう。その方がライフハックのように実践的な問題解決のアイデアも浮かぶのではないでしょうか。

本書を、そういった気概で書いてみました。まずは、肩肘を張らずに読んでみてください。本書を読んだ後、スマホを活用することで少しでもみなさんの日々がよくなることを願っています。

２０１２年10月

アキヅキ ダイスケ

CONTENTS

目次

CHAPTER

スマホがあなたの仕事力をパワーアップする

CHAPTER

スマホで効率的に「仕事」を管理する

目次

CHAPTER

スマホで網羅的に「メモ」を取る／残す

CHAPTER

スマホで自動的に「情報」を収集する

CHAPTER 1
スマホがあなたの仕事力をパワーアップする

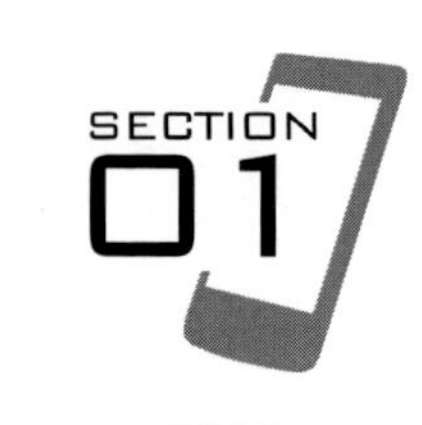

スマホを仕事で使いこなそう

スマホを仕事に組み込むメリット

スマートフォン（以下「スマホ」）は、これまでの携帯電話に比べて非常に多彩な機能を備えており、充分に仕事に役立たせることができます。まず、スマホの代表的な特徴を挙げると、次の3つに集約されます。

- 端末が小型なので持ち歩くのが苦にならない
- 数多くのアプリが公開され、ちょっとした仕事であれば充分にこなせる性能を持つ
- 「いつでもどこでも」必要な情報にアクセスできる

この特徴から、スマホを仕事に組み込むことによって生まれるメリット見ていきましょう。

スマホを仕事に組み込むメリット

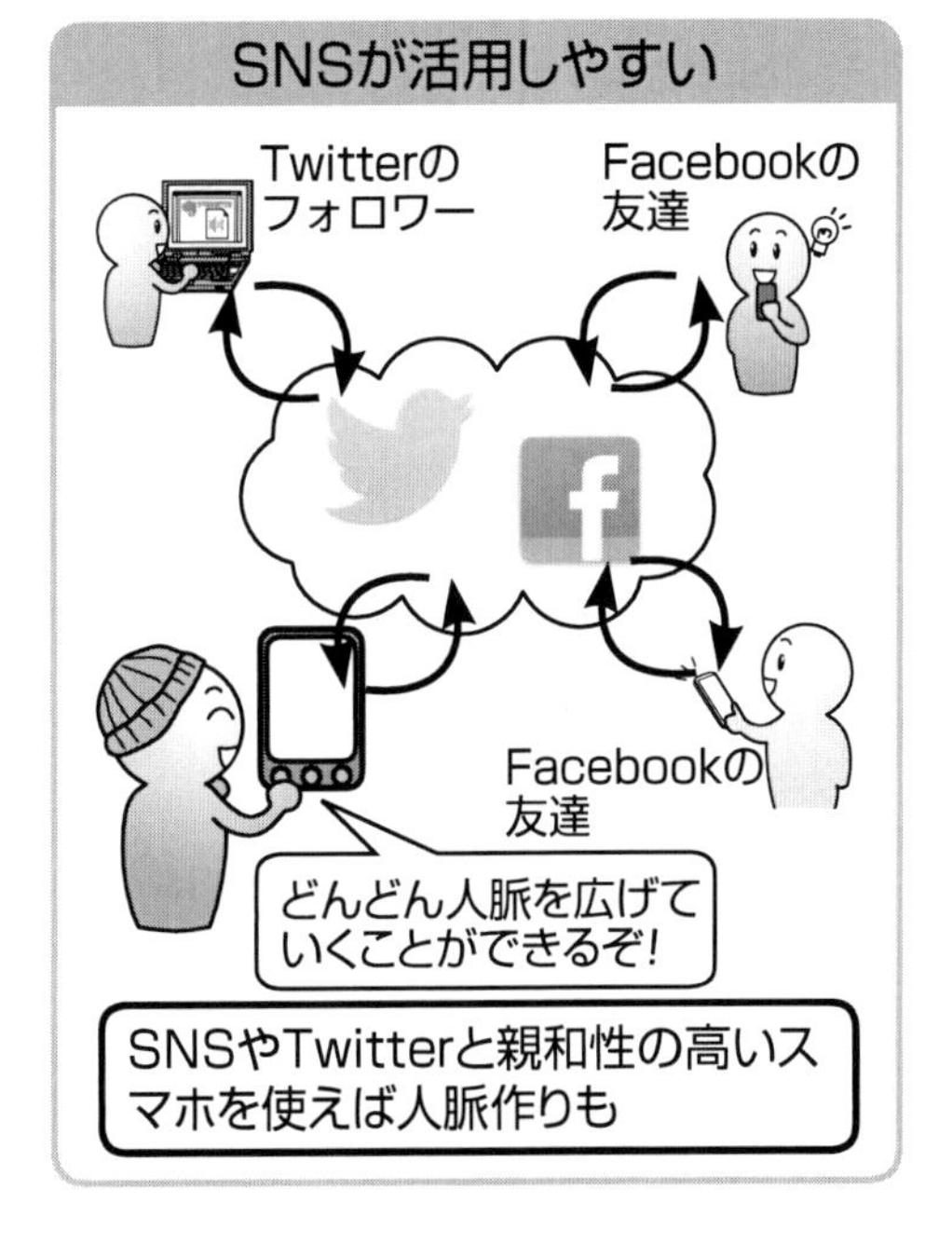

「いつでもどこでも」仕事ができる ⬇ 「スキマ時間」が無駄にならない

出かけた先でスキマ時間があれば、必要なデータにアクセスして、スマホを使って「いつでもどこでも」仕事をすることができます。この「スキマ時間」そして「いつでもどこでも」というのは、本書におけるキーワードとなるため、これからもちょくちょく出てきます。

「はじめに」でも述べたように、スマホがあれば通勤電車内の「スキマ時間」が有効に活用できます。カレンダーアプリで今日の予定を確認したり、今日の会議で使う資料に目を通すだけでも仕事のスタートダッシュがスムースになるでしょう。

たくさんのアプリが使える ⬇ 目的にあった最適なツールが選択できる

スマホではアプリという形でたくさんのツールを利用することができます。もちろんメモリなどの容量の制限はありますが、たくさんのアプリをインストールしても物理的に端末が重たくなることはありません。身軽にスマホが1台あれば、さまざまな作業が可能です。用途に応じてアプリを使い分けることも可能です。

これが手帳やノートというアナログツールであれば目的や用途に応じた複数の

ツールが必要です。筆記具も複数使いたければペンケースが必要だったりと持ち物はどんどん増えていくでしょう。この点では、アナログツールよりデジタルツールであるスマホの方が優位です。

パソコンを持ち歩く必要がなくなる ➡ 荷物が軽くなる

スマホがあれば、出先などでパソコンを使わずに済むが場面が多くなります。スマホだけで企画書を一から作るのはさすがに困難ですが、できた企画書を持ち歩いて修正するような作業はスマホでも充分です。

スケジュールやタスク管理は「クラウドサービス」などを活用することにより、パソコンとスマホのどちらでも一元的に扱うことができます。ちょっとした出張などはスマホがあれば済むことが多いのではないでしょうか。

これらの活用により、外出時や出張時などの荷物を軽くすることができます。

「クラウドサービス」は、インターネット接続環境下でサービス側のサーバーなど（クラウド）にデータを置くことを基本として利用するサービスです。Googleの各サービスやEvernoteなどが有名です。クラウドサービスを利用すれば、スマホで作ったデータを別のパソコンで確認でき、同期も不要などの利便性があります。

SNSが活用しやすい ➡ 人脈が広がる

スマホを使うようになって、TwitterやFacebookというソーシャル・ネットワーキング・サービス（SNS）が使いやすく活用できるようになりました。結果として、自然と人脈が広がっています。

しばらく前に流行った「朝活」などのアクティブさを持ち合わせていなくても、ゆっくりと緩くではありますが、さまざまな人とつながることができるようになりました。スマホでSNSの専用クライアントアプリを使うことによりSNSは格段に使いやすくなっています。人脈の広がり対するスマホの貢献は大きいと思います。

仕事が楽しくなれば、時間と心に余裕が生まれ、プライベートも充実する

そして、何よりスマホは触るのが楽しいという側面があります。仕事にスマホの活用を組み込むこと自体が、仕事を楽しくするわけです。楽しく仕事をすることで、リラックスもできて心の余裕が生まれ、それが新しいアイデアにつながる。そうい

う好循環を生み出すことを期待できます。

スマホを活用して楽しみつつ仕事のムダを無くすことができれば、時間の余裕もできます。これはビジネスパーソン個人にとってだけではなく、組織にとっても利益になるはずです。組織が許す範囲内でスマホを活用することが、個人にも組織にもプラスに働くのが理想です。

仕事が楽しくなり、時間と心に余裕ができれば、結果として仕事以外の生活が充実することでしょう。家族や恋人との時間、あるいは独りを慈しむ時間であってもいいと思います。

筆者の考える「ワークライフバランス」は、単に仕事の時間を短くしてプライベートの時間を増やすことではありません。スマホを仕事に活用することで余裕を生み出して、結果プライベートが充実するという姿を理想としています。

Androidスマホを使いこなそう

2～3年前はスマホというと、それはほぼアップルのiPhoneを指していました。しかし、その後Googleの開発したAndroid OSを搭載したスマホが登場し、今では

iPhoneと肩を並べるほどのシェアを誇っています。スマホのトッププランナーであるiPhoneは直感的な使いやすさに定評があります。しかし、Androidも急速な進化を遂げており、iPhoneまでとはいかないまでも、かなりいいところまで来ているのではないでしょうか。

◉NTTドコモのXperia arc

ちまたの書籍などを見ると、「仕事を効率的にこなすスマホ」＝iPhoneのようなイメージがありますが、Androidのスマホにその能力がないわけではありません。EvernoteやDropboxのような有名なクラウドサービスの多くがAndroidの専用アプリを公開していますし、各種のGoogoleのサービスはAndroidが本家ともいえる存在です。そしてAndroid独自のアプリも数多く開発されています。

また、ホーム画面にボタンやテキストフィールドなどを設置できる「ウィジェット」や、MicroSDカードの内容を自由に閲覧・編集できる点などはiPhoneにはないAndroidの機能で、本書でもこれらの機能が活躍します。ぜひとも、Androidスマホをバリバリと仕事に活用していきたいものです。

筆者は元々NTTドコモのケータイを使っていました。当時、NTTドコモのスマホといえば、HTC製のHT-03A（Android）しかありませんでした。家族間通話無料などのため、自分一人MNP（携帯電話番号ポータビリティ）でソフトバンクに移ってiPhoneを選ぶことには心理的・金銭的ハードルの高さがあって唯一の選択肢がAndroidでした。その後、機種変更のタイミングでAndroidのソニー・エリクソン製Xperia arcを選択して現在に至っています。

「無理をしない仕事術」のススメ

効率化を長続きさせるための方法とは

「いかに仕事を効率よく進めるか」は、日常から成果を出すことを求められる現代のビジネスパーソンにとって永遠のテーマです。

特にここ数年は、「ライフハック」といったキーワードを元に、仕事を効率化するための書籍やウェブページが人気を集めています。これらの書籍やウェブページで紹介されている方法は、意外にストイックな面があり、いざ実践してみると取っつきにくかったりすることがあります。自分に完全にフィットする方法であれば問題はありませんが、あまり突き詰めた形での運用は窮屈であり、長続きしません。

そこで本書では、次のような感じで「無理をしない仕事術」をオススメします。

● 楽しく実行できるようにする

●既存の手法からも取り入れるべきところだけを取り入れる

本書で紹介する方法も、筆者が「楽しく」、「取り入れられるところだけ」を実践したものです。ですから、これに縛られることなく、あなたが「楽しく」、「取り入れられるところだけ」を実践してみてください。

楽しくスマホを仕事に組み込むには

筆者は、スマホで楽しく仕事をするために新しいアプリをどんどんインストールして、自分の感覚で使うアプリを選んでいます。人の感覚はアプリの微妙な違いを感じます。こういった感覚は根拠が無いものではなく、個々の人生で積み重ねてきたものが土台となって作られているわけで信頼すべきものです。

選択に迷ったときは複数のアプリを並行して使います。筆者もTodoアプリなどは複数種類を使っています。それぞれのアプリに個性があるので意外と混乱しません。とにかくスマホの活用においては、「こうしなければならない」というルールはありません。楽しいとか心地よいという感覚で自由に使うのが一番なのです。

スマホで仕事を管理して「抜け／漏れ」をなくす

タスク管理／スケジュール管理／プロジェクト管理で仕事を効率化

仕事術においてもっとも重要なのが、「やるべきこと」＝「タスク」を管理する方法です。本書においてタスクとは、いわゆるToDo、つまり「やること／やるべきこと」をさします。タスクを適切に管理することにより、仕事の「抜け」や「漏れ」を最小限にすることができて、仕事全体を計画的かつ無駄なく進めることができるようになります。これらの管理は、多くのビジネスパーソンが手帳やスケジュールソフトなどで行っていますが、これにスマホを組み入れてもっと仕事を効率化しようというのが本書の提案の1つとなります。

タスク管理で管理する項目には、「タスク」「スケジュール」「プロジェクト」の3つがあります。

- 「タスク」は、迷わずに実行できる仕事の最小の単位
- 「スケジュール」は、「時間が決まっているタスク」
- 「プロジェクト」は、複数のタスクで構成されるもの

タスク、スケジュールそしてプロジェクトをうまく管理できていれば、どんなにタスクが多くても心の不安を軽減できるはずです。

タスク管理の手法、GTDとMIT

このタスク管理にスマホを活用しようというのがCHAPTER-2の目的です。今回は「GTD」と呼ばれるタスク管理の手法を使用します。GTDは、そのまま実行しようとするとやや複雑なのですが、本書ではそのエッセンスを活かして、シンプルな形で実践していきます。

また、タスク管理をまじめに実践するとタスクの数が膨大になります。そこでタスクの優先順位を見失わないようにするために、MIT（Most Important Task）という考え方も取り入れています。

GTDでは、定期的にタスクの見直しを行う「レビュー」の作業が重要です。スマホでGTDを実践することで「いつでもどこでも」レビューが可能になります。

タスク管理にスマホのアプリを活用する

本書では、タスク管理をするツールとして、Googleカレンダーを使います。Googleカレンダーに「やるべきこと」＝タスクを入れておけば、スマホでいつでも確認できるのでタスクを覚えておく必要がなくなります。タスクを覚えておく必要がないことは心の余裕につながります。

先に説明したMITというのは優先度の高いタスクです。これを忘れないようにする

◉Googleカレンダーの週間表示

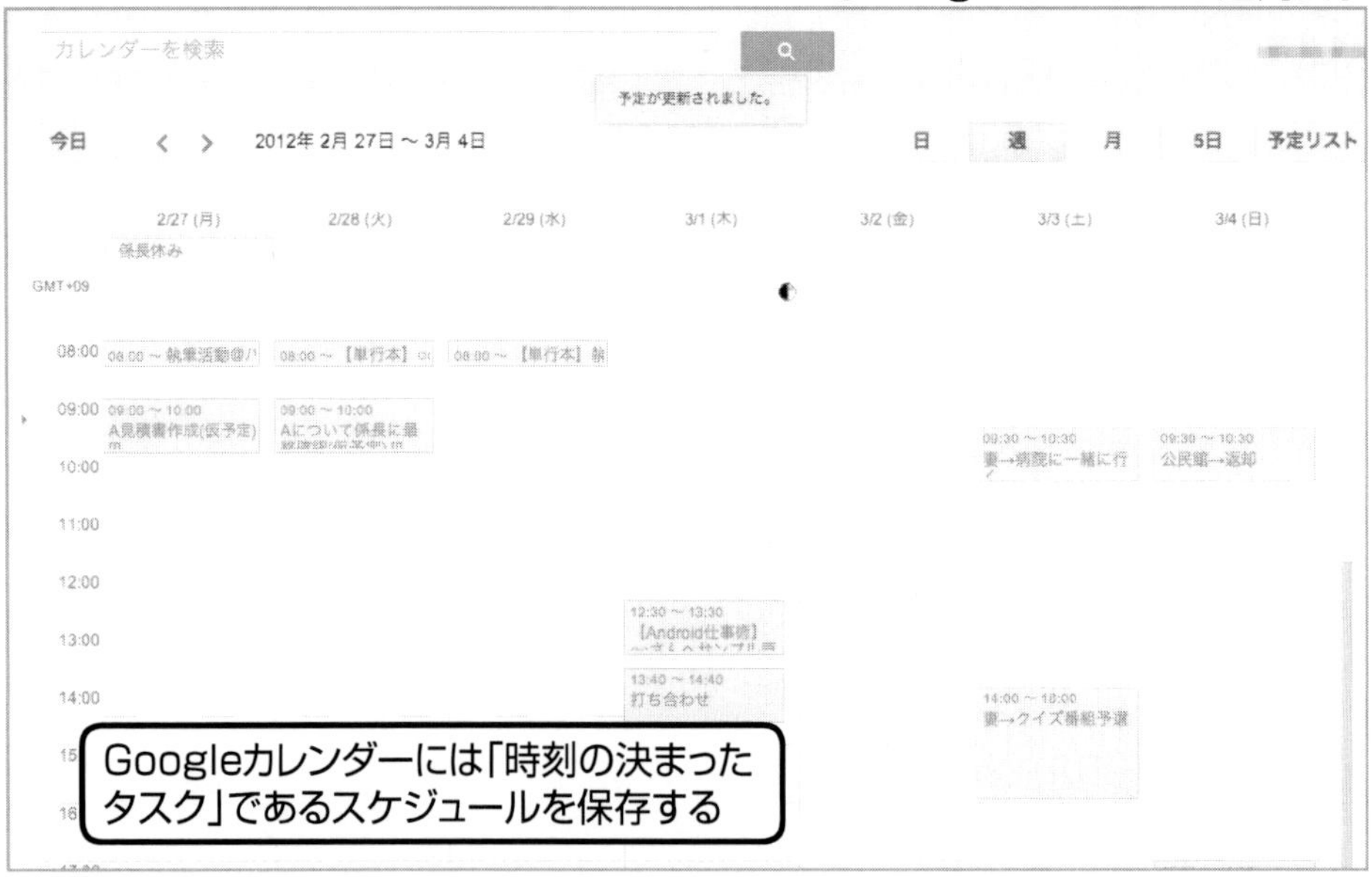

カレンダーを検索
予定が更新されました。
今日 ＜ ＞ 2012年 2月 27日 ～ 3月 4日
日 週 月 5日 予定リスト
2/27 (月) 2/28 (火) 2/29 (水) 3/1 (木) 3/2 (金) 3/3 (土) 3/4 (日)
係長休み
GMT+09
08:00 08:00 ～ 執筆活動@ 08:00 ～ 【単行本】 08:00 ～ 【単行本】
09:00 09:00 ～ 10:00 A見積書作成(仮予定) 09:00 ～ 10:00 Aについて係長に
09:30 ～ 10:30 妻→病院に一緒に行 09:30 ～ 10:30 公民館→返却
10:00
11:00
12:00
12:30 ～ 13:30 【Android仕事術】
13:00
13:40 ～ 14:40 打ち合わせ
14:00
14:00 ～ 18:00 妻→クイズ番組予選

Googleカレンダーには「時刻の決まったタスク」であるスケジュールを保存する

ために、スマホ上で「見える化」しておきます。そこで「ウィジェット」を活用します。

MITにはならない細々としたタスクはGoogleカレンダーに入れると表示が煩雑になりすぎます。そこで別のToDoアプリを使います。

◉ウィジェットをホーム画面に配置

さまざまなウィジェットをホーム画面に配置できる

スマホでメモを楽しく使うための「メモタノ」環境の構築

スマホを使って情報を入手／管理する

ビジネスパーソンにとって情報の収集は「食事」のようなものです。情報という「栄養」があなたの仕事をうまく回してくれるでしょう。仕事上の問題を解決するアイデアを出すために情報は多いに越したことはありません。しかし、情報収集はきりがないため、方法をしっかりしないと情報に溺れてしまうことになります。

情報には、「自分から出てくる情報」と「外部から入手する情報」の2種類があります。このうち、「自分から出てくる情報」を捕まえる手段が「メモ」となります。

できるビジネスパーソンは「メモ」を制す

ビジネスパーソンにとってメモすることは大事です。メモとは、言葉を自分の頭の中から外のツールへ落とし込むことです。そうすることで重要なことを忘れてしまうことを防ぐことができます。あるいは、今やっていることと直接関係は無いが大事なことを思い付いたとき、それを外部ツールにメモすることで、いったん横に置いて再び今の作業に集中することができるでしょう。これは言わば「忘れるためのメモ」だといえます。

また、メモは記憶を引き出す「鍵」になります。メモを読み返すことで、メモしたときのさまざまな考えや状況が記憶から引き出されるでしょう。これらの記憶が仕事上の問題を解決するアイデアや提案の元になります。メモすることはこれらのアイデアや提案の「引き出しを増やす」作業につながり、これらの「引き出し」が作業の時間を短縮してくれるかもしれません。

さらに、メモをすることで、漠然とした思考が「見える化」されるという効果もあります。たとえば、不安に思っていることも言葉にしてメモすることで具体的に対応可能なものとなるはずです。

CHAPTER-3では、メモをするツールとしてスマホを活用します。

「いつでもどこでも」メモをする生活を「メモライフ」を呼んでみます。そして、メモの効用について考えてみます。「メモすることは楽しい」「メモすることが結果として何かの役に立つ」というのが本書の主張です。これを一言で書くと「メモタノ！」という言葉になります。

「メモタノ！」（以下「メモタノ」）は、「メモすることは楽しい」という意味の造語です。大橋悦夫さんの「シゴタノ！」（http://cyblog.jp/modules/weblogs/）をお借りしています。

メモライフにアプリを活用

Evernoteは iPhoneユーザーにも愛用者の多い有名なアプリで、スクラップブックとしての活用を考えてみます。使い方のコツやEvernoteを補完するアプリの使い方なども紹介します。また、Evernote

◉Evernoteの画面

◉Catchの画面

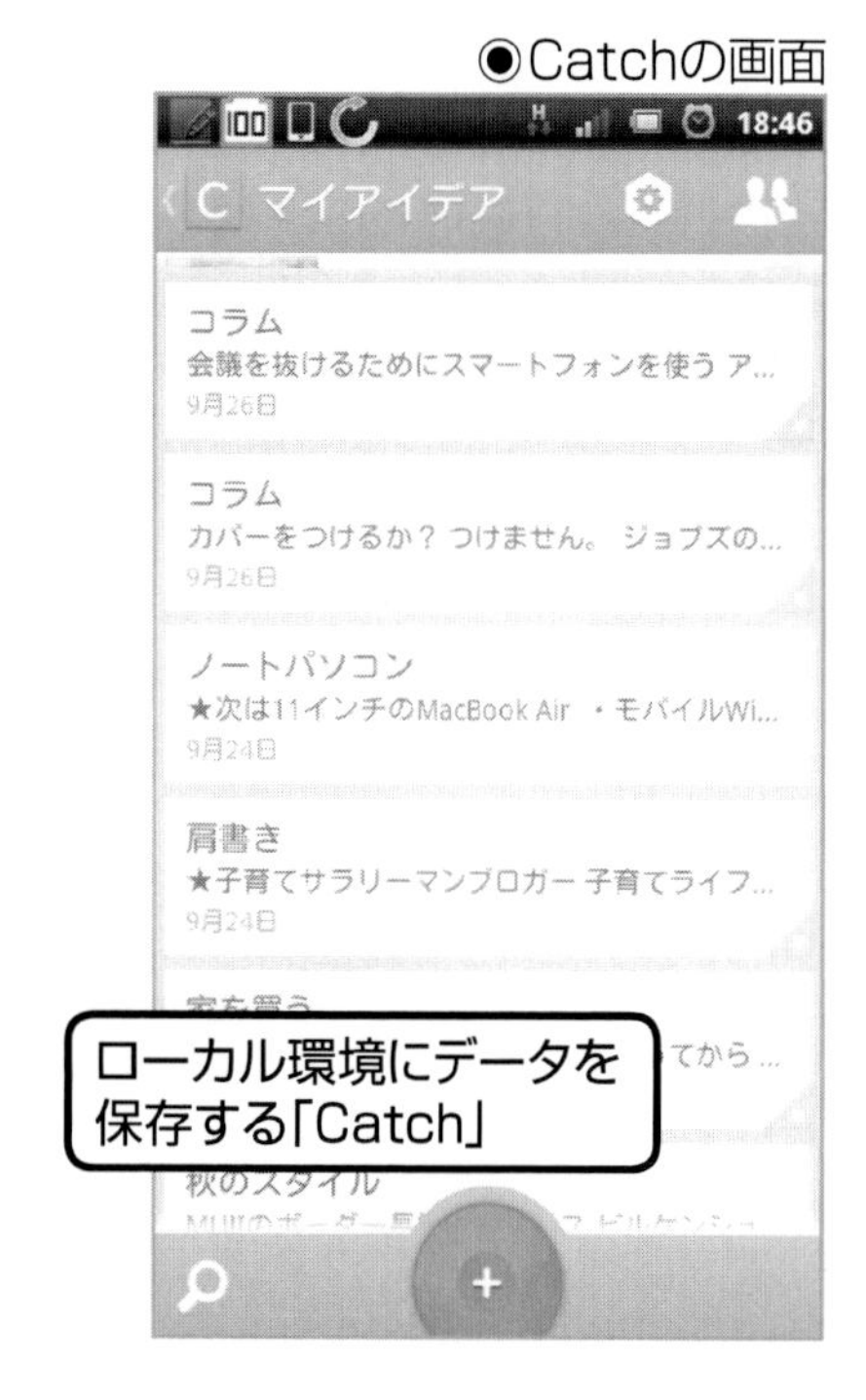

のライバル的な存在であるCatchについても取り上げます。筆者は、EvernoteとCatchを併用して、それぞれの特徴を踏まえた活用をしています。

このほかにも、テキストファイルをベースに仕事に関する情報を一括で管理する「テキストファイル仕事術」や、TwitterのAndroid用のクライアントであるtwiccaを積極的に使ってTwitterをメモに使う方法なども解説します。

◉twiccaの画面

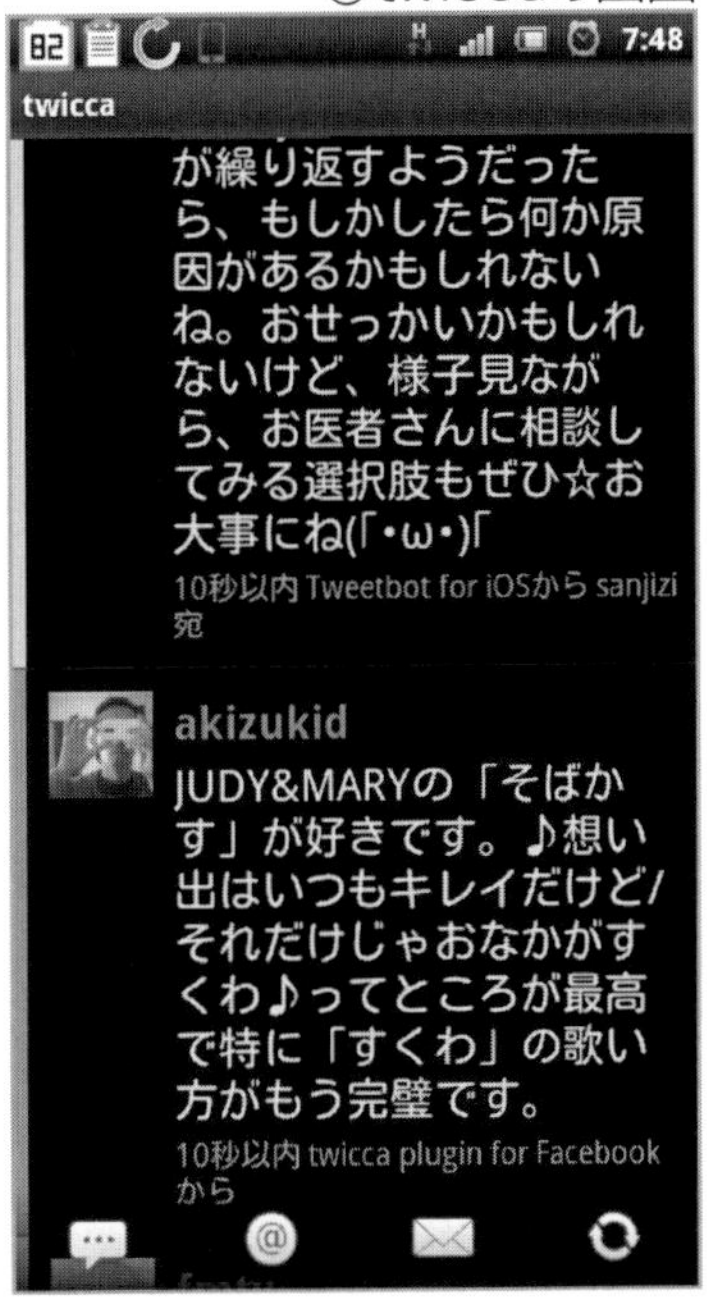

アナログなメモの活かし方

筆者のメモライフを考える場合、アナログツールについても触れないわけにはいきません。本書のテーマはスマホではありますが、アナログツールもスマホを補完しているからです。具体的にはメモ帳として「薄いメモ帳」、ノートとして「モレスキン」を紹介しています。

スマホでネットから自動的に情報収集

外部からの情報をスマホで無理なく収集する

CHAPTER-3では、「自分から出てくる情報」を取り上げますが、CHAPTER-4では「外部から入手する情報」の取り込み方を解説します。基本的な方針は、「情報収集をできる限り自動化して、他人の頭を活用することで楽をしよう」というものです。そうすることで少ない労力で多くのアイデアを得られるでしょう。このためにスマホを活用したいところです。この場合、収集する情報の中心はネットの情報になります。筆者が実践している情報収集の原則について3点ほど提示しています。

- 情報はどんどん頭に流し込む
- 情報はすぐ使ってみる
- 必要な時に探せるように簡単に保存する

これらの原則に基づいてできる限り楽な方法を実践します。その方法の1つとして筆者独自の「バロウズ方式」というのを使用しています。

情報収集にスマホアプリを活用する

ネットからの情報収集の1つのルートはRSSを利用する方法です。RSSリーダーとしては、ベースとして「Googleリーダー」を、アプリとしてGoogleリーダーと連携する「gReader」を使用します。スマホのアプリであるgReaderを使うことで、スキマ時間を情報収集の時間に変えることができます。

もう1つの柱がGmailをデータベースとして活用する方法です。Gmailは、その大きな容量やスマホのアプリでも使える全文検索機能を活かして情報収集の中心的なデータベースとしての機能を果たすことができます。CHAPTER-4では、さまざまなサービスを利用してGmailに情

◉有料版「gReader Pro」の画面

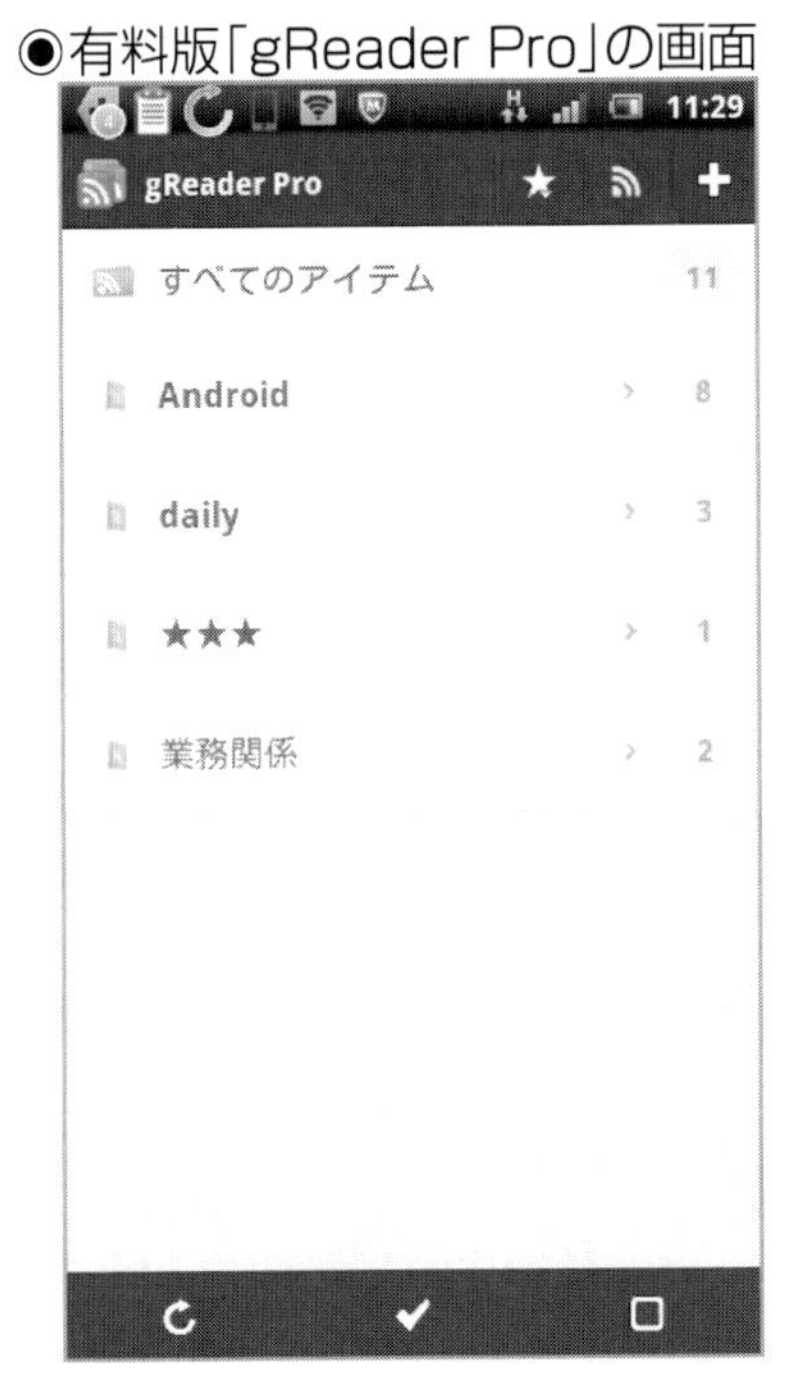

報を集めることを紹介しています。

また、twiccaを使えばAndroidで「いつでもどこでも」Twitterから情報収集ができます。プラグインを使ったEvernoteとの連携機能など、情報収集するにあたってのコツについていくつか紹介しています。Twitterは、目的を持った情報収集には向きませんが、思いがけない情報を得られることが多いので重宝しています。

Twitter以外の情報収集の仕方についても、Androidアプリを使って実践してみます。ポイントはソーシャルなサービスを利用することです。誰かがブックマークしたり、まとめたりしてくれた情報を見ることで効率的に質の高い情報を得ることができるでしょう。他人の頭を利用することになります。

特に実名登録がルールとなっているFacebookでは、そのことによって信頼性の高いリアルな情報を得ることができます。就職活動から始まり、ビジネスパーソンにとってはもはや必須のツールといえます。

◉Gmailの画面

CHAPTER 2
スマホで効率的に「仕事」を管理する

スマホを秘書として使う

タスク管理が仕事をスムースに進行させる

私たちの人生(ライフ)において仕事の占める割合は大きいものです。仕事がうまくいけば、生活(ライフ)もうまくいくことが多いでしょう。

では、仕事がうまくいくコツは何でしょうか。

筆者はタスク管理が肝だと考えています。タスクとは、本書では次のように定義しておきます。

タスク=実行可能な行動の最小単位

仕事はタスクの積み重ね、連続で成り立っています。もちろん、プライベートの生活もタスクの集合です。タスク管理をうまく実行することが、仕事を(生活も)うま

タスク管理で仕事がスムーズになる理由

スケジュール管理のみ

本日の予定
10:30　A社商談
13:30　B社納品
18:00　企画会議

A社の見積を作るの忘れた！ あ、企画会議の企画書も……

スケジュール管理だけだと時間が決まっていない「やらなければならないこと」が管理できない。

タスク管理を実行すると

今日のタスクリスト
□ A社見積書作成
□ 企画会議の企画書作成

明日の予定
10:30　A社商談
13:30　B社納品
18:00　企画会議

スッキリ！

今日中に見積書と企画書を作っておけば、明日は楽勝だな！

開始時刻が決まっていない仕事をタスクとして管理すると「抜け／漏れ」をなくすことができる！

タスク管理の「信頼できるシステム」の5つの要件

リマインダー機能

15:55
5分後に企画書作成開始

ピピピ

作業を企画書作成に切り替えよう

作業の切り替え時間を意識せずに済む

検索機能

Aプロジェクトのタスクが見たい

Aプロジェクト
○月4日 原案作成
○月6日 資料収集
○月8日 会議
⋮

過去データも自由に検索できる

バックアップが容易

クラウドサービス　MicroSDカード

アナログの紙とは違い、データは簡単にバックアップできる

クラウドとの連携

クラウドは専用アプリがあると便利

複数アプリが使える

ToDoアプリA

ToDoアプリB

同種類のアプリも状況応じて複数種類使い分けができる

く活かせるコツではないでしょうか。

たとえば、多くのビジネスパーソンが手帳などで管理しているスケジュールもタスクの一種です。スケジュールについては次のように考えたらいいでしょう。

スケジュール＝時間が決まっているタスク

手帳を使っている人の中には、「手帳を使ってもなかなか仕事がうまくいかない」という感覚をもっている人がいるかもしれません。それは、もしかしたらスケジュールというタスクは管理できていても、そのほかの時間が決まっていないタスクを管理できていないのかもしれません。

タスク管理では、スケジュール以外のタスクも管理する必要があります。すべてのタスクをきちんと管理できている安心感がストレスを軽減させてくれます。

ストレスが減ると、思考に余裕が生まれます。生まれた余裕が新しいアイデアを生むかもしれません。そういった好循環を目指してタスク管理を行うといいでしょう。タスク管理によって生み出した余裕をアイデア出しに使う。あるいは、時間に余裕ができたら、プライベートの時間にあててもいいのです。

スマホで「信頼できるシステム」を作る

タスク管理では、「信頼できるシステム」でタスクを管理する必要があります。必要なデータを必要なタイミングで漏れなく取り出せる、「信頼できるシステム」をスマホで作るのがこのCHAPTERの目的です。スマホには、このタスク管理における「信頼できるシステム」になりうる次のような特長があります。

- リマインダー機能
- 検索機能
- バックアップの容易さ
- クラウドサービスとの連携
- 1台の端末に複数のアプリが入れられる

具体的に1つずつ見ていきましょう。

リマインダー機能

基本的すぎる要素かもしれませんが、スマホはリマインダー機能が便利です。リマインダーとは、元々「思い出させてくれるもの」という意味があります。そこから転じて、デジタルツールでは、あらかじめ設定した時刻にメールなどで通知を行う機能の意味になっています。

たとえばGoogleカレンダーに予定を入力しておくと、通知バーへの表示やメールなどで予定（時間が決まっているタスク）を教えてくれます。その他のToDoアプリの多くにもリマインダー機能が付いています。私たちはリ

リマインダー機能とは

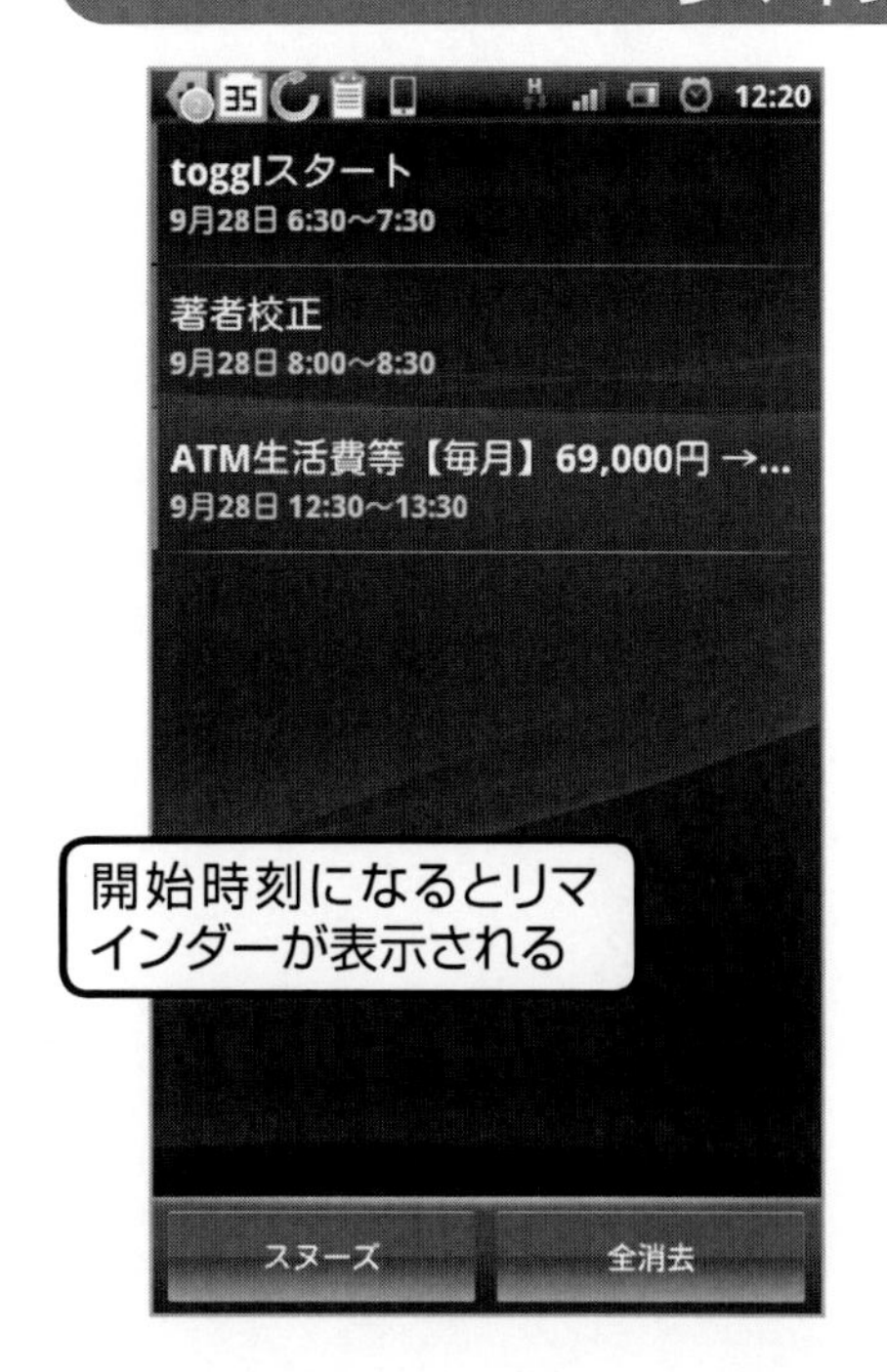

マインダーがあることで、今実行しているタスクに集中することができます。言い方を変えると、リマインダーのおかげで実行している以外のタスクを忘れることができます。

スマホを持っているということは、優秀な秘書を1人雇っているようなものです(そのように考えると毎月の数千円の通信料金など微々たるものです)。これを利用しない手はありません。

検索機能

検索は、手帳などのアナログツールと比較してスマホの優位性が際立つ機能です。手帳やノートに記載したことを後から探し出すときには、記憶に頼らざるを得ません。一方、スマホにおいては、ほとんどの情報が検索を使って瞬時に探し出すことができます。優

◉検索結果の表示

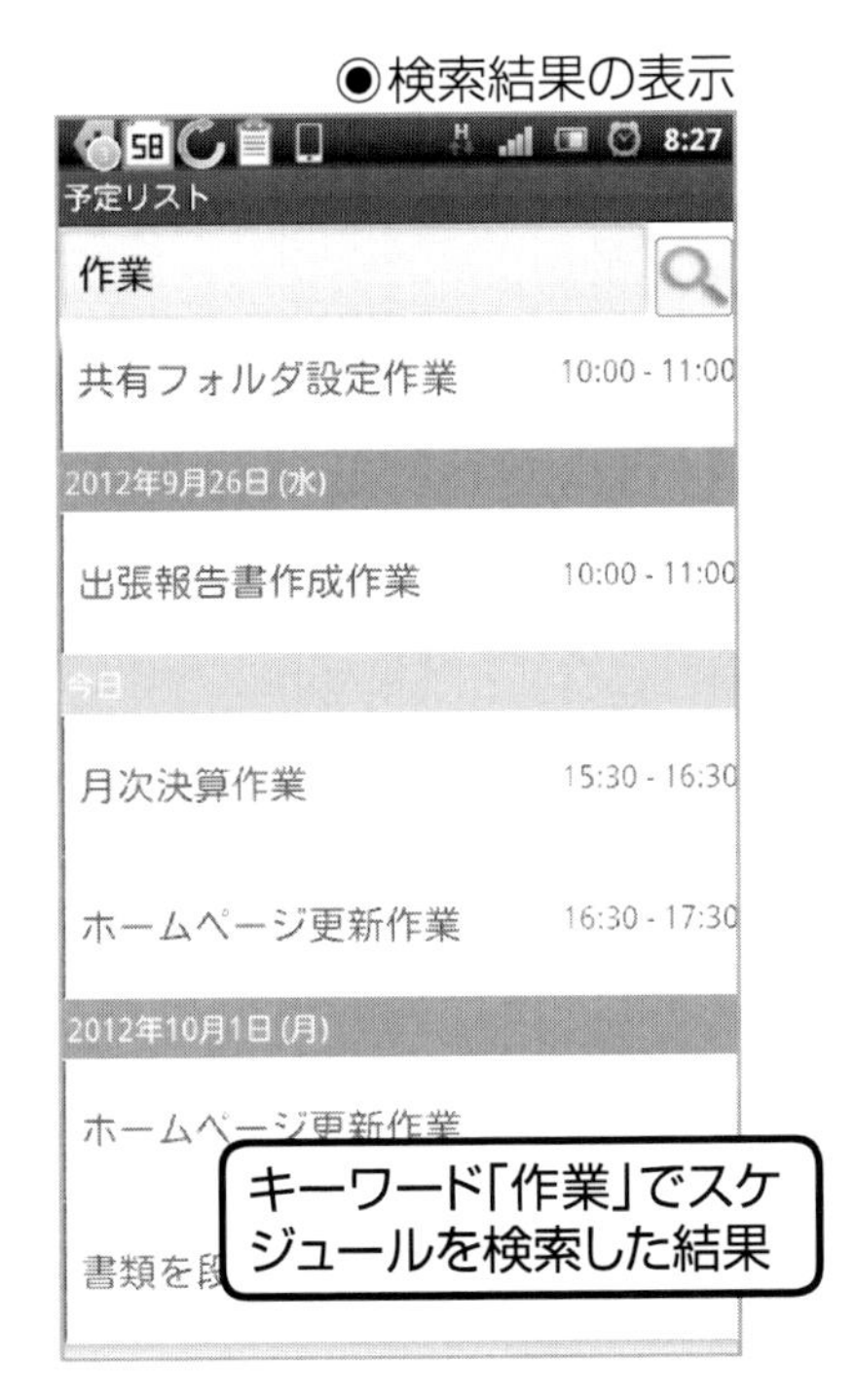

秀な秘書は聞いたことにすぐに答えてくれるわけです。

また、検索機能があることで私たちは安心してスマホに情報を預けることができます。まさに「信頼できるシステム」になるわけです。

バックアップの容易さ

スマホのアプリでは、さまざまなバックアップ機能が付いているものが多くなっています。バックアップの容易さもアナログツールと比較したときの優位性になります。

◉クラウドサービスの代表的な存在のEvernote

クラウドサービスとの連携

スマホはGoogleの各サービスやEvernoteのようなクラウドサービスとの連携も得意としています。多くのクラウドサービスでアプリを準備しており、筆者などはアプリが使えるクラウドサービスを使うようにしています。

1台の端末に複数のアプリが入れられる

CHAPTER-1でも述べたように、スマホに複数のアプリをインストールすることができます。アナログツールであれば、たくさんのツールを持ち歩く必要がありますが、スマホでは1台で済んでしまいます。

タスク管理の「お手本」となるGTDとは

GTDというタスク管理手法

タスク管理の手法はさまざまあります。中でも筆者がもっとも影響を受けているのはGTDという手法です。

「GTD」とは、「Getting Things Done」(邦訳『はじめてのGTD ストレスフリーの整理術』、二見書房)というデビッド・アレン(David Allen)の書名の略であると同時に、そこで紹介されたタスク管理手法の名称でもあります。本書でGTDを紹介するのは、この手法が汎用性が高く、実践するツールを選ばないからです。

本書はGTDそのものの実践を目指すのが目的ではありません。そこでGTDのエッセンスを紹介して、そのワークフローやリスト、レビューという概念や用語を援用することでスマホを使って「タスク管理をうまくこなす」ことを目指します。GTDにはそのような自己流のアレンジを許す懐の深さがあると思っています。

GTDの本質(エッセンス)は、GTDの日本における紹介者の1人でもある田口元氏によって、次のようにまとめられています(『はじめてのGTD ストレスフリーの整理術』参照)。

- 頭の中の「気になること」を〝すべて〟頭の外に追い出そう
- 「気になること」について、求めるべき結果と次にとるべき行動を決めよう
- 行動について信頼できるシステムで管理して、定期的にレビューしよう

これらについてもう少し詳しく見ていきます。

頭の中の「気になること」を〝すべて〟頭の外に追い出そう

まずは頭の中の「気になること」をすべて頭の外に出す作業が必要です。仕事でパニックになっているときを想像してもらえるといいでしょう。パニックになっているとき、頭の中にはたくさんのタスクがそれぞれ主張しているはずです。そして、私たちはそれらのどれから手を付けていいかわからなくなっています。さらに追い打

ちをかけるように電話が鳴って新たなタスクが頭の中に追加されてしまいます。

このストレスは、タスクが頭の中にあることから生じています。脳というのはたくさんのタスクを抱えるには不向きな器官らしく、「頭はハードディスクではない」ともいわれたりします。これは、脳がコンピュータのハードディスクのように情報を記憶することには向いていないという意味です。

GTDでは、頭の中の「気になること」をすべて頭の外に出すことを推奨しています。田口氏は、最初にGTDを実践するときは邪魔されない環境で数時間の時間を確保してこの作業を行うことを推奨しています。ここではそこまで徹底しなくても、まずは頭の中の「気になること」を頭の外に出す、ということを覚えておいてください。

ちなみに「気になること」はタスクばかりとは限りません。行動することのできない「気になること」も頭の中には多数あります。それらもタスクと一緒にすべて頭の外に出す必要があります。

「気になること」に対して求めるべき結果と「次にとるべき行動」を決める

次に、頭の外に出した「気になること」に対して、求めるべき結果と「次にとるべき行動」を決める必要があります。これは「気になること」に対して具体的な行動＝タスクをあてていくやり方です。

「気になること」にはタスクばかりではなく、「行動しようのない漠然とした不安」もあります。あるいは、自分の力ではどうしようもないこともあります。ここでは、そういった「気になること」に対しても何らかのタスク＝「次にとるべき行動」をあてることを実践します。

これは精神衛生的に理にかなっている考え方ではないでしょうか。たとえば、トップニュースになるような大きな社会的問題に対しても、それが「気になること」であれば、いったん、頭の外に出します。そしてその問題が解決したイメージを持ちます。このイメージが「求めるべき結果」になります。それから、たとえば、「Googleでその問題のキーワードについて検索してみる」という「次にとるべき行動」を決めることができるはずです。調べてみることで知識が増えて、「漠然とした不安」が「理解できる不安」になることもあります。

何にせよ、どんなに大きな「気になること」でも、行動を決めて対応することでストレスは軽減するはずです。「次にとるべき行動」は些細なことでかまいません。

行動について信頼できるシステムで管理して、定期的にレビューしよう

「次にとるべき行動」や「気になること」は頭の外にある「信頼できるシステム」に預ける必要があります。そうしないと「次にとるべき行動」や「気になること」は頭の中に逆戻りしてしまうでしょう。

頭の外に出した「気になること」や決めた「次にとるべき行動」をスマホを活用した「信頼できるシステム」に預ける。そして、1つ1つ具体的に行動していく。それがGTDというタスク管理手法の肝となります。

この「信頼できるシステム」では、信頼性を保つためにときどきレビューをする必要があります。飛行機もフライトのたびに整備が必要なように、このシステムもレビューというメンテナンスが必要というわけです。レビューについては、セクション10で説明します。

GTDのワークフロー

GTDの3つのエッセンスを具体的なフロー図にすると、左ページのようになります。頭の中の「気になること」を具体的なワークフローに従って処理していくことに

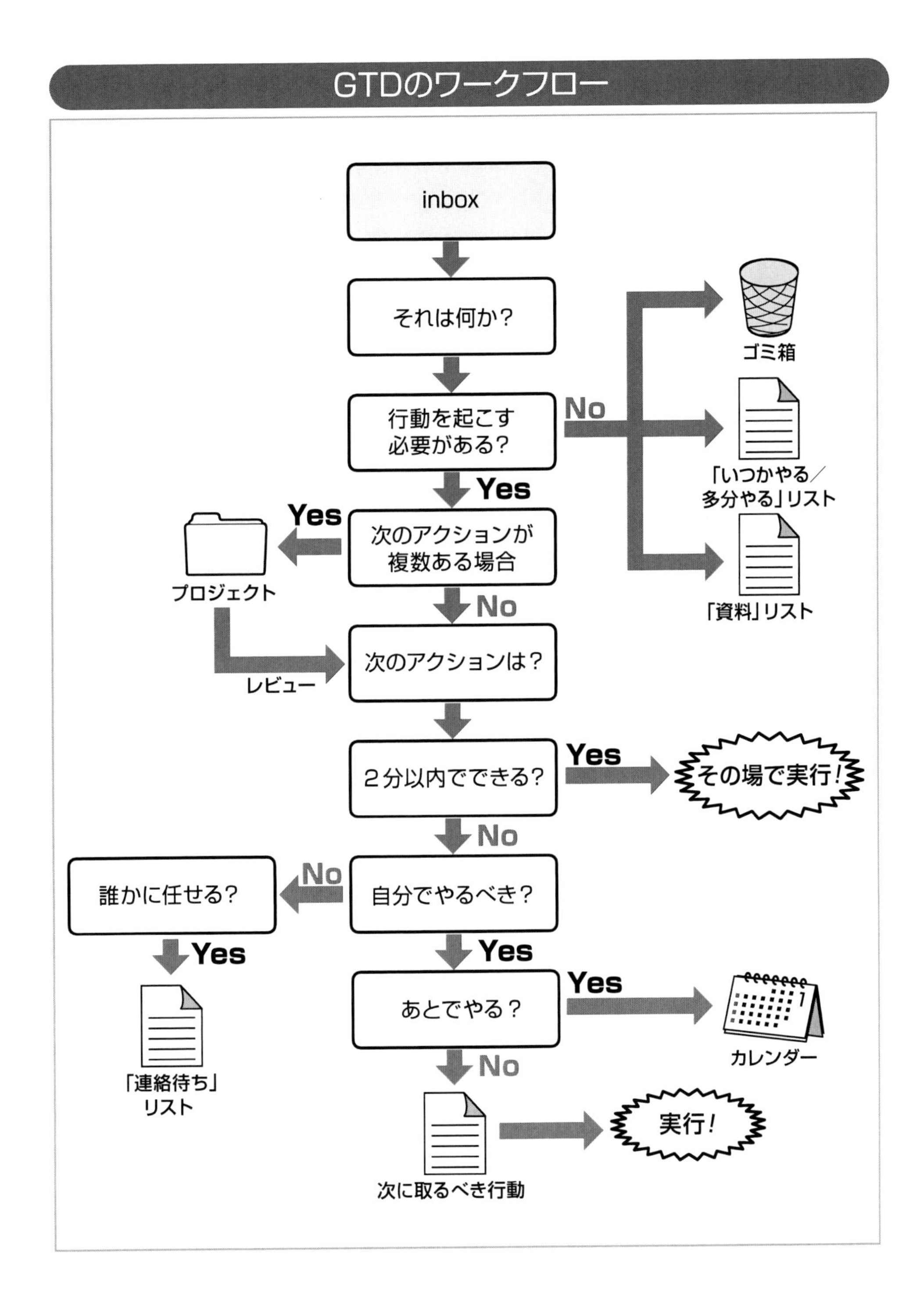
GTDのワークフロー
inbox
それは何か？
行動を起こす
必要がある？
No
ゴミ箱
「いつかやる／
多分やる」リスト
「資料」リスト
Yes
Yes
次のアクションが
複数ある場合
プロジェクト
No
次のアクションは？
レビュー
2分以内でできる？
Yes
その場で実行！
No
誰かに任せる？
No
自分でやるべき？
Yes
Yes
「連絡待ち」
リスト
あとでやる？
Yes
カレンダー
No
次に取るべき行動
実行！

なります。

●「inbox」

「気になること」を収集します。フローの判断に従って適切なリストに「気になること」を送っていくだけです。ワークフローに従えばタスク管理が自動化されます。

●「次にとるべき行動」

細かく具体的にした方が実行しやすくなります。「MacBook Airを入れるバッグを買う」というタスクより、「MacBook Air、バッグでGoogle検索する」の方が悩まずに実行できます。

●「連絡待ち」リスト

誰かに任せたり、投げかけてあるタスクで自分が今実行できないタスクを入れます。これにはリマインダーをセットして、ときどき見直す必要があります。相手が忘れている場合があるからです。

● 「プロジェクト」

とりあえず複数のタスクで構成されるものを「プロジェクト」と呼ぶことにします。セクション15で具体的に説明します。

● 「いつかやる／多分やる」リスト

今すぐにやる必要のないタスクです。ここは「週次レビュー」などでときどき見直せばいいリストになります。

● 「資料リスト」

行動することのできない／する必要のないにタスクで、「資料」リストで管理することになります。

そして、それぞれのリストをスマホで管理します。このリストの総体が「信頼できるシステム」になるわけです。

SECTION 08

GTDのエッセンスを取り入れたシンプルなタスク管理の実践

GTDのエッセンスを取り入れたタスク管理

本書ではGTDをそのまま実践しようとは考えていません。GTDそのものが目的ではないからです。目的はあくまでタスク管理をうまくやることであり、そのために使いやすいGTDの概念を借りています。いわば「シンプルGTD」とでもいうべきものです。実行にあたっては次の3つを心掛けるようにします。

- 複数のinboxを使う
- タスクは時間を決めてカレンダーに入力する
- タスクを実行可能なレベルで最小にする

それでは個々についてもう少し詳しく見ていくことにします。

複数のinboxを使う

GTDにおける「inbox」とは、「気になること」を最初にいったん受け入れる「箱」のような概念です。元々は、会社などで上司の机上に置いてある「未決」書類入れのことのようです。inboxにすべての「気になること」がまずは入れられることになります。本書ではスマホをinboxとして使うことになります。

デビッド・アレン氏はinboxは必要最小限にするのがポイントだと言っています。たしかに「未決」書類入れは普通は1つでしょう。同様に、「超」整理法などで有名な野口悠紀雄氏は「ポケット1つ原則」ということを言っています(『「超」整理法』、中公新書)。「気になること」が集まるinboxは、理想的には1つの方がいいでしょう。しかし、inboxも使用するシチュエーションに左右されたり、ツールもアナログだったりデジタルだったりします。理想を求めて無理に1つにしようとすると、かえってストレスになりかねません。そこは緩く複数のinboxを使うことにします。ただし、そのinboxが必ず定期的にレビューする習慣のある「場所」であることが必要です。

たとえば筆者は、スマホだけではなく、アナログツールの「薄いメモ帳」(セクション26参照)をinboxとしています。「薄いメモ帳」にはA4サイズのコピー用紙をセットしていますが、ここに書かれたメモは紙を交換する際に必ず読み返すことになります。この「読み返す習慣」があるためにinboxとして機能します。メモはすべてチェックボックスを頭に書いておいて、転記したり実行すればチェックを入れて消すので消していない項目があれば必ず何らかの処理を行うことになります。

　まずはinboxの数にはこだわらずに「気になること」をとにかく頭の外に出すことを心掛けてみましょう。

◉メモ帳での「inbox」の例

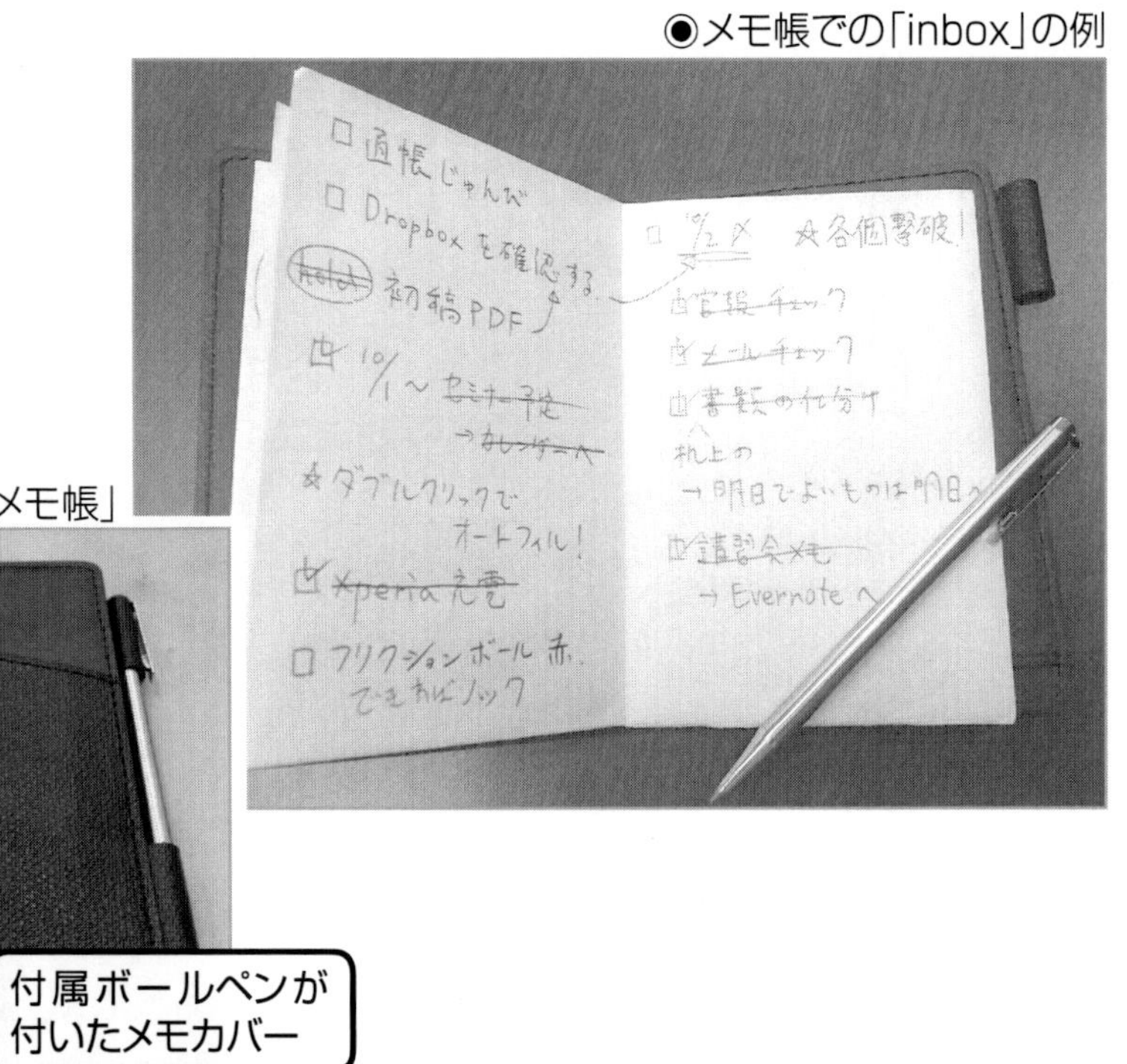

◉abrAsus「薄いメモ帳」

タスクは時間を決めてカレンダーに入力する

筆者がもっともおすすめしたいのは、次の原則です。

タスクは発生した時点で実行する時間を決めてカレンダーに入力する

この原則は、株式会社イー・ウーマンの社長である佐々木かをり氏の手帳術での教えです(『佐々木かをりの手帳術』、日本能率協会マネジメントセンター)。この原則さえ守れば後はテキトーでもかまわないよ、というくらいタスク管理の肝だと考えています。

前述のようにスケジュールは「時間が決まっているタスク」です。つまり、この原則は可能な限りすべてのタスクをスケジュール化しようという試みになります。そうすることでタスクの実行力は確実に上がります。

◉タスクの入力

何かやるべきタスクが発生したら、そのときにやる時間を決めてカレンダーに入力します。具体的には手元にスマホがあるので、カレンダーアプリを起動して入力することになります。時間も厳密なものではなく、適当に入れておけばいいでしょう。後からいくらでも時間を変えることができるのは、デジタルツールならではです。とにかく入力しておけばタスクを忘れることはなくなります。

そして時間になれば、リマインダーがタスクを教えてくれるでしょう。何も考えずにタスクを実行する

◉タスクの入力

カレンダーにタスクを入力する

のみです。

私たちは時間の外に出ることはできません。つまり、すべてのタスクはスケジュールに入れるべきなのかもしれません。その意味で、発生したタスクについて実行する時間を決めて、カレンダーに入力するのは合理的なのです。

タスクを実行可能なレベルで最小にする

スケジュール化したタスクは、時間になれば悩まずに実行するのみです。もしここでタスクの実行に悩むようであれば、それはそのタスクが大きすぎるからかもしれません。

確実にタスクを実行するコツは、タスクを「実行可能なレベルで最小」にしておくことです。たとえば、「原稿を書く」というタスクが億劫であれば、「MacBook Air

◉タスクの大きさ

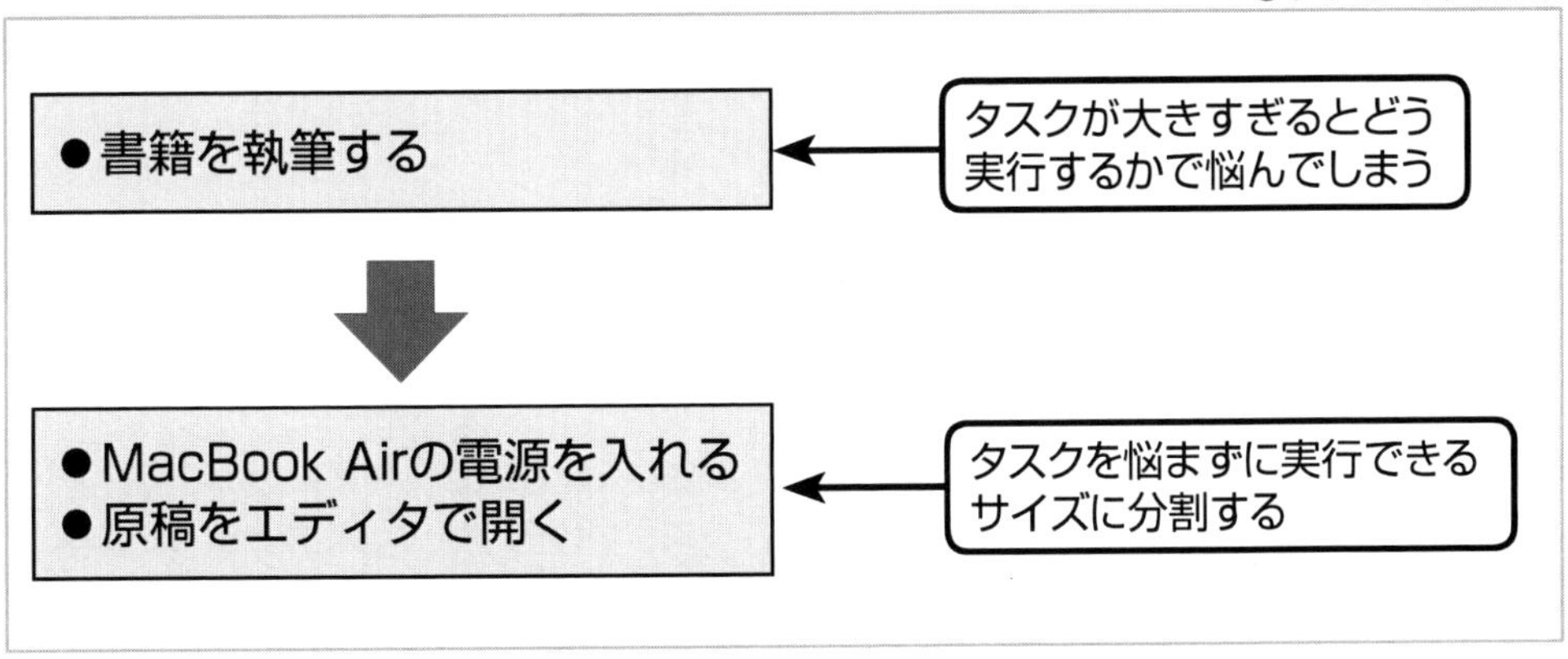

の電源を入れる」というレベルにします。電源を入れさえすれば、書き出すことができるかもしれません。続けて、「今書いている原稿をテキストエディットで開く」というタスクを入れておくのもいいかもしれません。しかし、あまり細かいタスクが多すぎると、それをすべてカレンダーに入力するのは非現実的となります。

筆者はフルタイムの仕事を持っていますが、月曜日の朝はかなり気分が落ち込んでいます。いわゆるブルーマンデーというやつです。その対策として、月曜日の7：30に「自分の体を職場まで運ぶ」というタスクを入れています。これくらい小さいタスクなら気分がブルーでもなんとか実行可能です。自分の体を職場まで運べば、就業時間になって後は流れに乗るだけです。

タスクを細かくすることは、実行しやすくするだけではなく、精神衛生上も効果的なようです。

また、タスクを細かくすることでカレンダーがごちゃごちゃする場合は、セクション17で説明する方法があるので、そちらを参照してください。

MITで重要なタスクを確実に実行する

本当に重要なタスクを優先する

GTDを忠実に実践してみるとわかると思いますが、ワークフロー（46ページ参照）でいう「次にとるべき行動」がかなりの量になることがあります。「次にとるべき行動」を次々にこなしていると「今日は忙しかったけれども、何を達成しただろうか？」ということになりかねません。

そこで重要なタスクを選択して、それを優先して確実に実行することが肝になります。本書では、MITという考え方を紹介します。参考にするのはレオ・バボータ著『減らす技術』（ディスカヴァー・トゥエンティワン）です。MITとは、「Most Important Task（もっとも重要なタスク）」の略です。これは先に説明したシンプルGTD（セクション08参照）と相性のよい考え方です。

MITの考え方

スティーブン・R・コヴィー著『7つの習慣』（キングベアー出版）で有名な「時間管理のマトリックス」という図があります。この図を参考にしてタスクを、「緊急かどうか」「重要かどうか」という2つの基準で次の4パターンに分けることができます。

❶緊急かつ重要
❷緊急ではないが重要
❸緊急だが重要ではない
❹緊急でも重要でもない

●MITは「重要かつ緊急ではない」

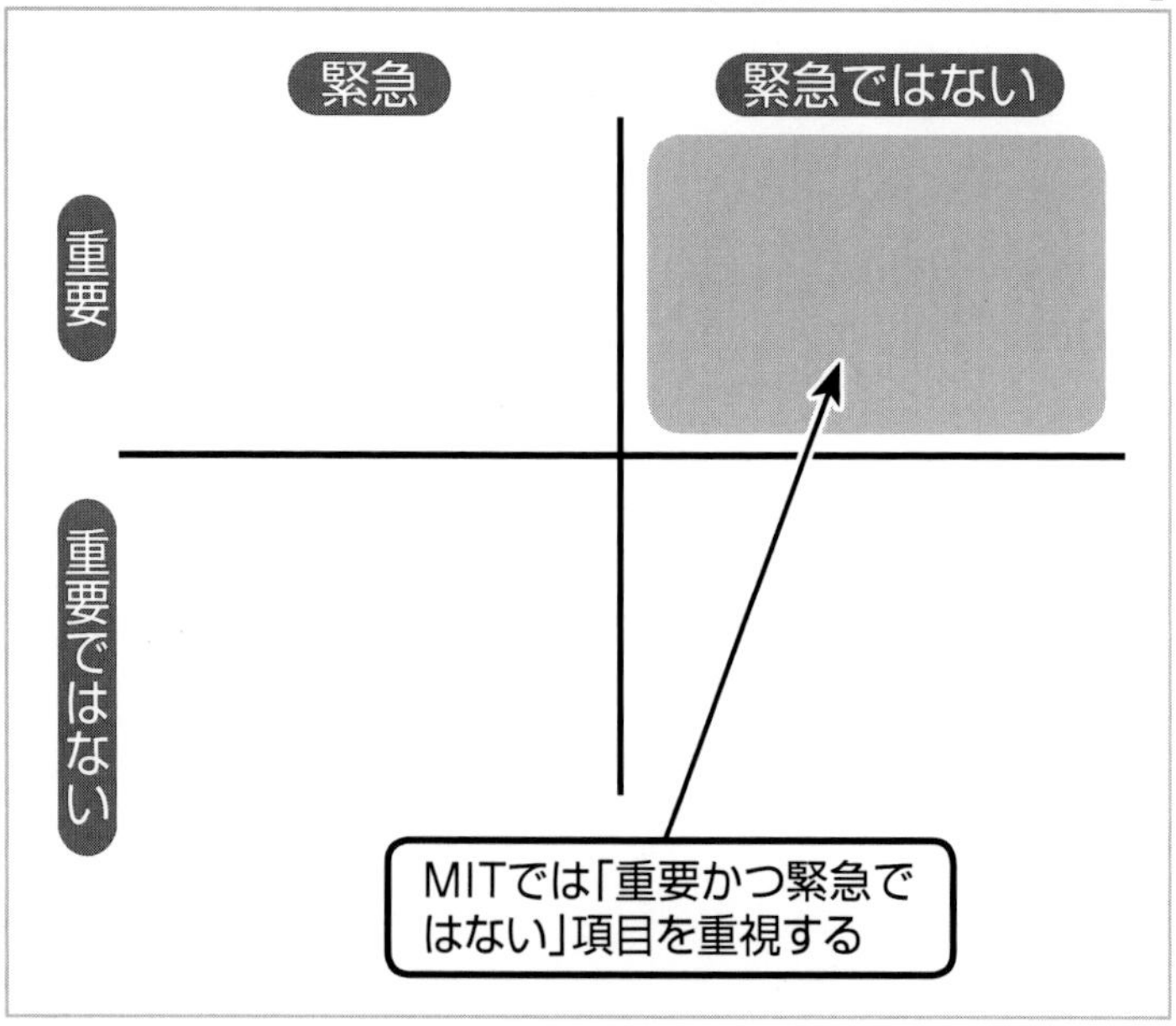

このうち、❶と❹については迷うことはありません。「緊急かつ重要」であれば今すぐに取りかかるだけです。急患を受け入れた救急医のようなものです。また、「緊

急でも重要でもない」のであれば、そのタスクはやるべきではありません。

問題となるのは、❷と❸です。仕事上では、「緊急だが重要ではない」ことをついつい やってしまいます。代表的な例は仕事中に電話などで飛び込んでくるタスクです。

そして、「緊急ではないが重要」なタスクはついつい後回しになってしまいます。

本当に大事なのは❷の「緊急ではないが重要」なタスクであり、これを確実に実践するための仕組みがMITになります。MITの考え方は次のようなものです。

- その日のタスクから重要な3つを選ぶ（これがMITになる）
- 1日をMIT（3つのタスク）から始める
- MITが終わるまでは他のタスクはしない
- 飛び込みタスクはinboxにメモしてMITに戻る

まずはその日のタスクを絶対に達成したい重要な3つに絞ります。具体的には「次にとるべき行動」から3つ選択するといいでしょう。そして1日をそのタスクから始めます。MITが終わるまでは他のタスクには手を付けません。MITの実行中に飛び込みのタスクが入ってきても、inboxにメモでもしておいて元のタスクに戻りましょう。このMITには当然、自分の仕事に関することが入るでしょう。

大事なことは、「自分にとっての重要なこと」からも最低1つはMITに入れることです。それは緊急なことではなく、必ずしも仕事とは違うものかもしれません。自分の人生（ライフ）における目標（ゴール）に関わることがよいでしょう。自分のゴールは緊急に取りかからなければならないものではないため、つい後回しにされがちです。ゴールに対して「次にとるべき行動」を具体的に洗い出し、そのタスクをMITに入れ、毎日少しでも行動することができればゴールに近づくことができます。

MITは時間を決めてカレンダーに入れる

MITでも、53ページで説明した原則「タスクは発生した時点で実行する時間を決めてカレンダーに入力する」ことが重要です。MITは実行する時間を決めてGoogleカレンダーに入力します。自分のゴールのためのタスクであれば朝一番の時間に、仕事のMITであれば始業時間後にすぐ入れるといいでしょう。MIT以外のタスクについては、ToDoアプリのいずれかに入れておきます。つまり、シンプルGTDにおいてタスク管理は、次の2つのツールで実践することになります。

- Googleカレンダー＝MIT
- ToDoアプリ＝その他の「次にとるべき行動」

MITを実践すると、1日に3つのタスクを実行できれば充分という気楽な気持ちになれます。後はMITが終了した時点で時間や状況、残っている気力をのんびり検討します。そして実践できるタスクを選んで実行していきます。あるいは飛び込みタスクのための余裕にもなります。

飛び込みタスクに関しては、MITを実行中は断るか保留する必要があります。もちろん緊急であればその限りではありません。しかし、本当に緊急な仕事などそれほどはないはずです。

◉タスクの入力

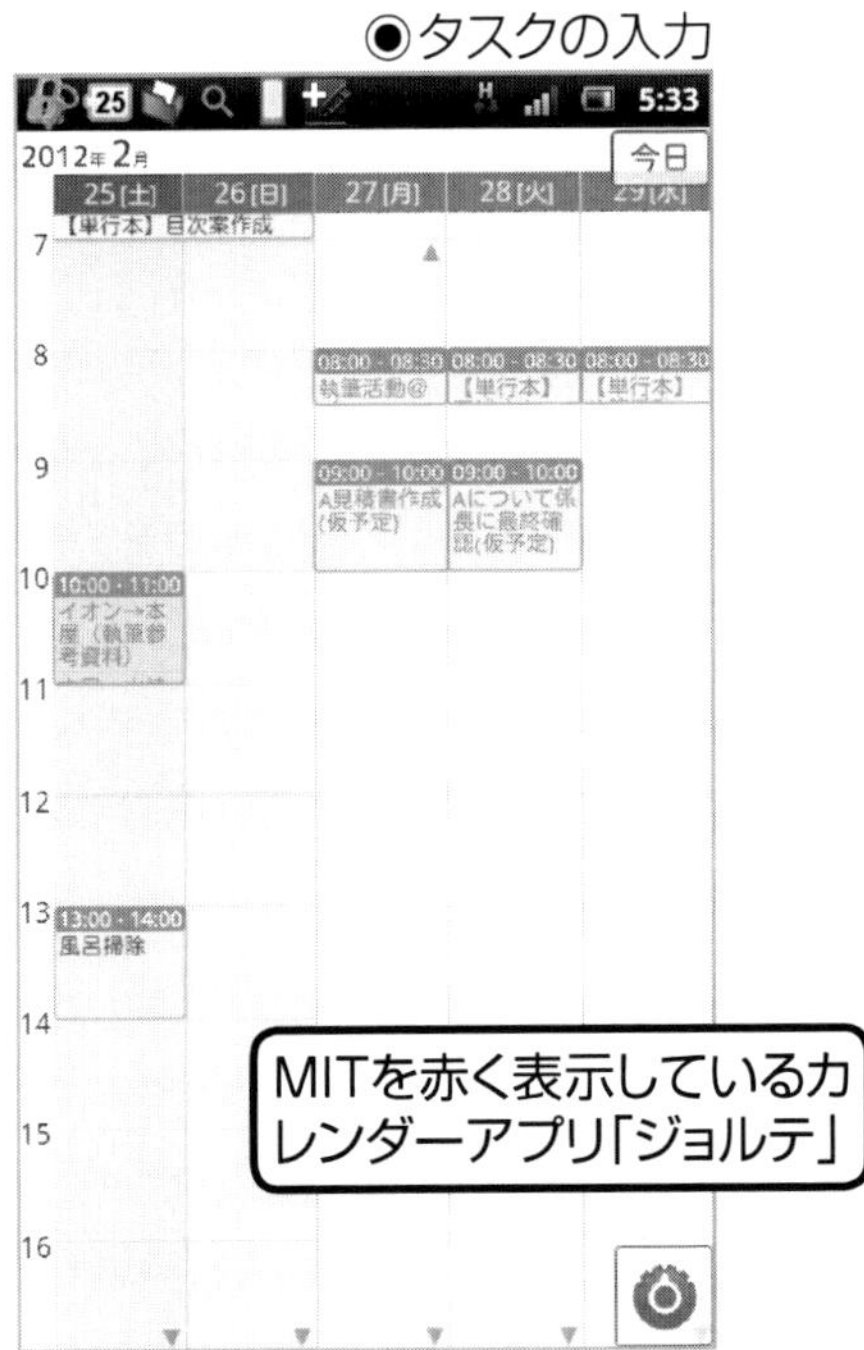

MITで「第3の仕事」を実践する

前述のように、MITには仕事とプライベートからそれぞれ最低1つは入れるようにした方がいいでしょう。筆者は、本書を執筆している時点で仕事から1つ、プライベートから1つ、そして本書の執筆から1つ入れるように心掛けています。

仕事ばかり、プライベートばかりにならないようにMITを選択することにより、生活のバランスが取れるように感じます。本書の執筆のような活動は、いわゆる職業でも家事でもない「第3の仕事」と言えます。実は、多くのビジネスパーソンにとって、現在の職業が自分のゴールに結びついていることはそれほど多くはありません。自分のやりたいこと、夢、目標、そういったゴールは職業とは別に設定するのも1つの案です。実際にその活動で収入が得られるかどうかはそれほど重要ではありません。仕事と家庭以外の活動、「第3の仕事」があることで精神衛生上よい効果が得られるように思います。

その「第3の仕事」をMITに入れることで、確実にゴールに向かって進めるはずです。大事なのはゴールを達成すること以上にそのプロセスが少しでも前進していることではないでしょうか。

スマホで「いつでもどこでも」レビューする

レビューを行う意味とは

セクション07で紹介したGTDのエッセンスに「定期的にレビューしよう」とありました。スマホで作った「信頼できるシステム」を維持するためにも、ときどきメンテナンスすることが必要です。たとえば職場の机の上も時間が経過するごとに徐々に散らかっていきます。ときどき、整理しないと机上は作業しやすい状態を保てません。「信頼できるシステム」も同様です。

具体的には、次のような作業をやるといいでしょう。

- 「信頼できるシステム」に入力した「気になること」および各リストを改めて見直す
- 新たな「気になること」についてGTDのワークフロー(47ページ参照)で処理をする

このレビューを行うことで「信頼できるシステム」の各リストは新鮮さを保つことができます。また、タスクがしっかり管理できているという状態をキープすることで精神衛生上も落ち着きを得られると思います。

スマホで「いつでもどこでも」レビューする

GTDにおいては、レビューについてまとまった時間を確保した「週次レビュー」が推奨されています。しかし、スマホがあれば「いつでもどこでも」ちょっとしたレビューが可能です。

スマホで各リストを管理していれば、通勤電車内でも片手でレビューすることが可能です。座って通勤できる環境であれば、タブレット端末なども使うことができます。

筆者は朝の通勤電車内の約15分をスマホでのレビューにあてています。通勤途中のビジネスパーソンがスマホを音楽、動画、ゲームという娯楽にしか使わないのはもったいない気がします。朝のちょっとした「スキマ時間」をタスク管理とシステムのメンテナンスに使うことで1日の効率が格段に違ってくると思いませんか。

「いつでもどこでも」レビューでは主に次のチェックを行います。毎回すべてやるわけではありません。「スキマ時間」でできるだけ実践しています。

- カレンダーアプリで今後1週間ほどの予定を確認する
- Gmailアプリで受信トレイに残っているメールを確認する
- ToDoアプリで「連絡待ち」になっているタスクを確認する
- 各ToDoアプリの未完了タスクを確認する
- Catch(セクション16参照)のプロジェクトを確認する

以上のレビューを行い、新しいタスクなどを洗い出しています。

「いつでもどこでも」レビューできるのは、1台のスマホにすべてのリストが入っているからです。あるいは、スマホからクラウドにアクセスできるからでしょう。この点はセクション06で説明したようスマホが「信頼できるシステム」になりえる要素です。

Togglで「スキマ時間」を見つける

現代の私たちの時間には数多くのタスクが詰め込まれています。それらのタスクを意識せずに管理していると、多くの「スキマ時間」という無駄が生じているはずです。1つひとつはわずかな時間ですが、「スキマ時間」も積み重なると大きな時間の無駄になります。そこでこの「スキマ時間」を活用することも現代の時間管理術のテーマの1つとなります。

ここでは、スマホで「いつでもどこでも」レビューするために「スキマ時間」をあてることを提案します。

では、「スキマ時間」を見つけるにはどうしたらいいでしょうか。

◉Togglの画面

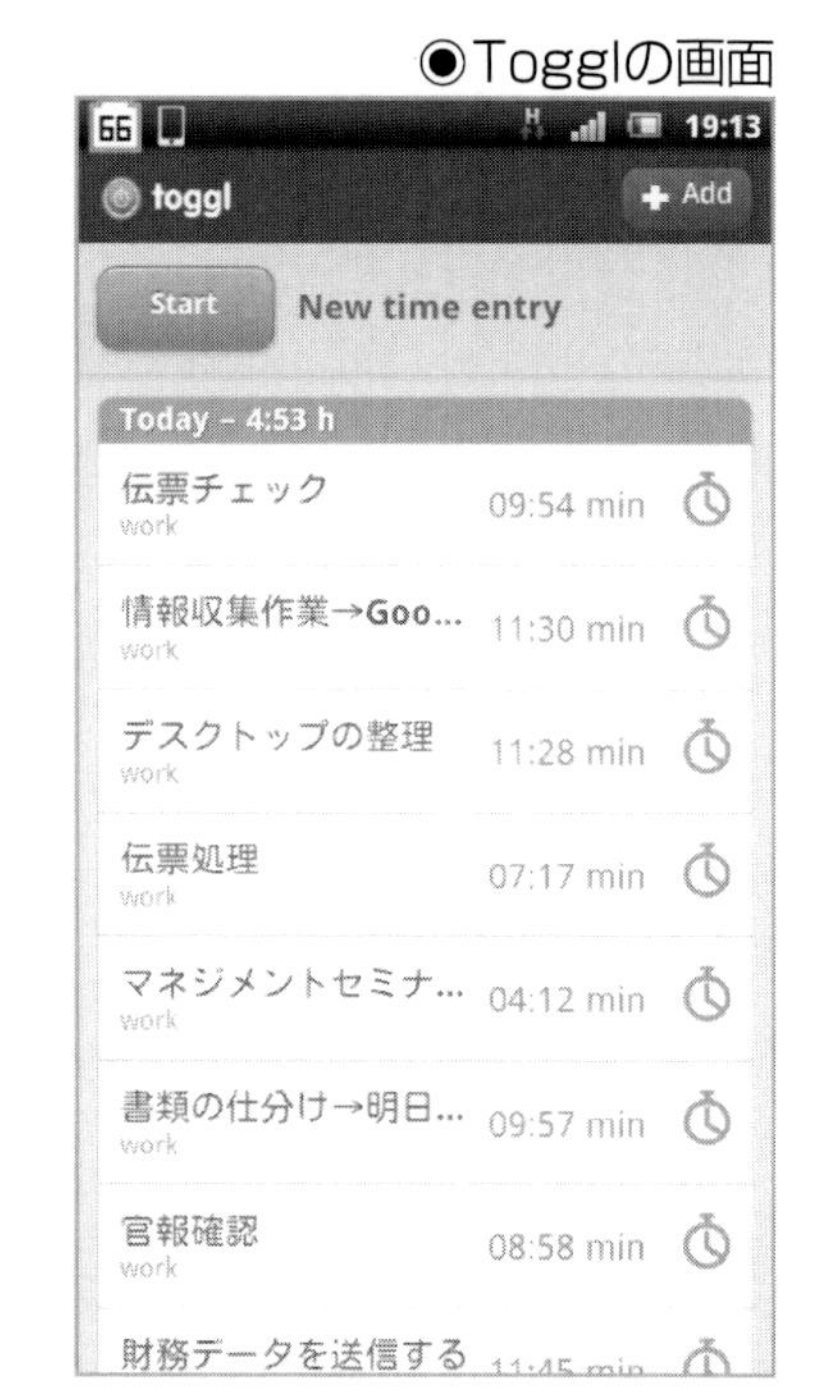

- ジャンル・・・時間管理
- 提供元・・・Apprise LLC
- 価 格・・・無料

URL https://www.toggl.com/

Androidアプリ情報

Toggl

- ジャンル・・・時間管理
- 提供元・・・TOGGL.COM
- 価 格・・・無料

「Toggl」というツールはウェブ上で動作するタイムトラッキングツールです。「タイムトラッキング」とは、作業にかかる時間を計測することです。Togglはこれをブラウザ上で操作できるサービスです。手軽に作業時間を計測して記録することができます。

Togglには Androidアプリもあります。アプリではタイマー機能のみですが、「いつでもどこでも」計測することができるので便利です。記録は自動でウェブサービスと同期します。分析はパソコンで行えばいいでしょう。

Togglを使うのは、さまざまな作業時間を計測することが目的です。しかし、見方

◉Togglで「スキマ時間」を見つける

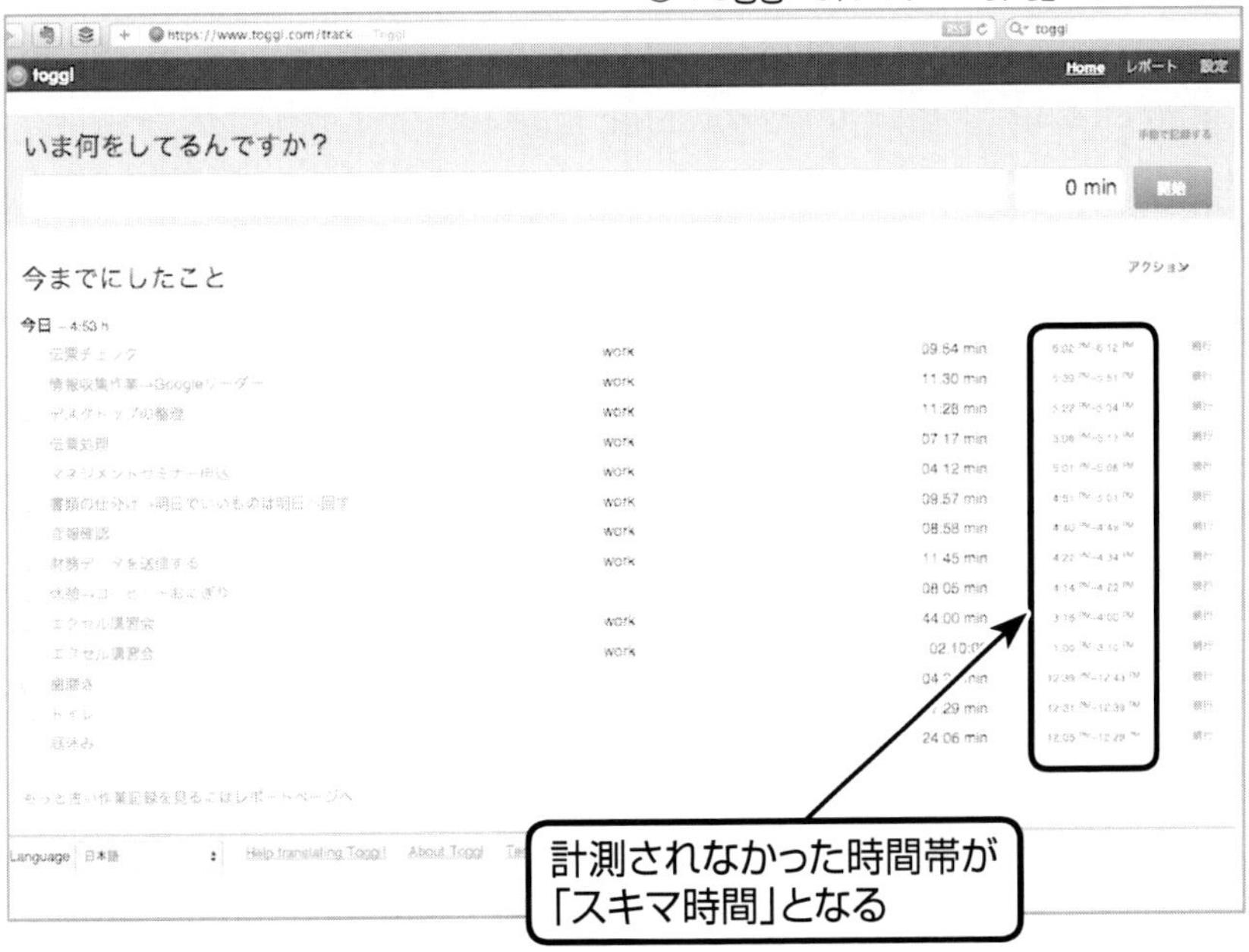

計測されなかった時間帯が「スキマ時間」となる

を変えると、Togglで計測しなかった時間が「スキマ時間」だと言えそうです。

Togglで記録すると作業の開始時刻と停止時刻が記録されます。この停止時刻と次の作業の開始時刻との間がすなわち「スキマ時間」になります。

この分析を何日か行うと、「スキマ時間」に意識的になれるはずです。毎日同じような時間帯に「スキマ時間」が発生することがわかってくるかもしれません。その「スキマ時間」をスマホでのレビューにあてるといいのではないでしょうか。

サードプレイスでレビューを実践する

筆者の場合、普段のレビューはスマホを使って小まめに実践しています。そのため、定期的な「週次レビュー」は行っていません。しかし、仕事などでストレスがたまったなあと感じたり、タスク管理がうまくいっていないなあと感じたら、「週次レビュー」のようなまとまった時間をとることがあります。そういうときはよく「サードプレイス」を利用します。

サードプレイスとは、自宅でも職場でもない「第3の場所」という意味です。筆者は自宅の近くにモスバーガーがあるので、よくそこに行きます。また、スターバックスコーヒーやミスタードーナツもよく利用します。

スマホはいつも持っているので、思い付いたときに「週次レビュー」を実践できます。仕事が早く終わったので、スタバに寄って小一時間、スマホですべてのリストをチェックしよう、ということが気軽に可能になります。

サードプレイスの条件は、リラックスできる場所であることです。カフェなどで公衆無線LANが利用できるとなおいいでしょう。Wi-Fiでインターネット接続環境を確保できる場所では、スマホとノートパソコンがあればクラウドサービスなども活用できて本格的な「週次レビュー」が可

◉「週次レビュー」で使用するツールたち

能です。また、ノートパソコンを広げにくい場所でもスマホであれば圧迫感もなくていいでしょう。

サードプレイスでは、アナログツールも活用します。「薄いメモ帳」(195ページ参照)やモレスキン(198ページ参照)などです。個人的には、アナログツールを使った方がよりリラックスできる感覚があります。頭の中の「気になること」をどんどん吐き出すには紙に書いていった方がいい感じがしています。

アナログツールを使うのは、レビューを楽しむ工夫でもあります。レビューでGTDに挫折する人が多いと聞きます。楽しくレビューできれば習慣化できるのではないでしょうか。

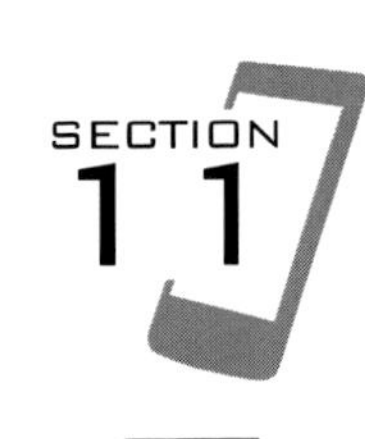

「Googleカレンダー」でタスク管理する

タスク管理のメインに使う「Googleカレンダー」

今まで説明してきたGTDとMITをスマホで実践するには、Googleカレンダーを使います。スマホだけではなく、インターネットに接続されたパソコンであればWindowsでもMacでも使うことができます。そして、スマホではGoogleカレンダーに対応したカレンダーアプリがいろいろとあります。本書ではGoogleカレンダーをタスク管理のメインとし、シンプルなGTDを運用してみます。

Googleカレンダーは、Googleが提供しているクラウドベースの無料で使えるオンラインカレンダーのサービスです。Androidを購入したときには、Googleアカウントを作りますが、そのアカウントでGoogleカレンダーを利用することができます。たとえば飛び込みで予定が入ったときに目の前にインターネットに接続しているパソコンを使ってGoogleカレンダーに予定を入力すると、ほんの数秒で手元にあるスマ

Webサービス情報

Google カレンダー

- ジャンル ･･･ 仕事効率化(スケジュール管理)
- 提供元 ･･･ Google Inc.
- 価 格 ･･･ 無料

URL http://www.google.com/calendar/

ホのカレンダーアプリの予定も更新されるという感覚で、非常に便利です。

Calendar Padを使ったタスク管理

スマホのブラウザでもGoogleカレンダーにアクセスすることは可能です。しかし、カレンダーアプリを使った方が便利でしょう。

筆者が使っているカレンダーアプリは「Calendar Pad」です。Calendar PadはGoogleカレンダーと同期するアプリです。デザインと操作感がよいため使っています。本書では何度もアプリの操作感や使い心地のよさについて言及します。機能以上に重要な要素だと考えているからです。

タスクは実行する時間を決めてCalendar Padに入力して、タスクをスケジュール化します。入力したスケジュールはGoogleカレンダーと速やかに同期します。時間になれば通知バーで教えてくれます。常に手元にあるスマホが教えてくれるので、スケジュールを忘れることはないでしょう。

タスクの実行後は、Googleカレンダーに入力した内容がそのまま記録（ログ）になります。余裕があれば予定の内容にメモを入れておくと振り返ったときに便利です。

定期的な仕事をしているビジネスパーソンにとっては、去年の今日にジャンプして確認することができて有用な記録になるでしょう。また、Googleカレンダーでは検索機能も優れています。

打ち合わせでは、手元のスマホからCalendar Padを起動して予定を確認したり、その場で次のアポイントを決めて入力することができます。この際、予定だけではなくタスクもあらかじめ時間を決めて入力しておけば、無理なスケジューリングをしなくて済みます。予定は入っていないけれど、タスクがたくさんある日も「見える化」しておくことができます。

◉Calendar Padの週間表示

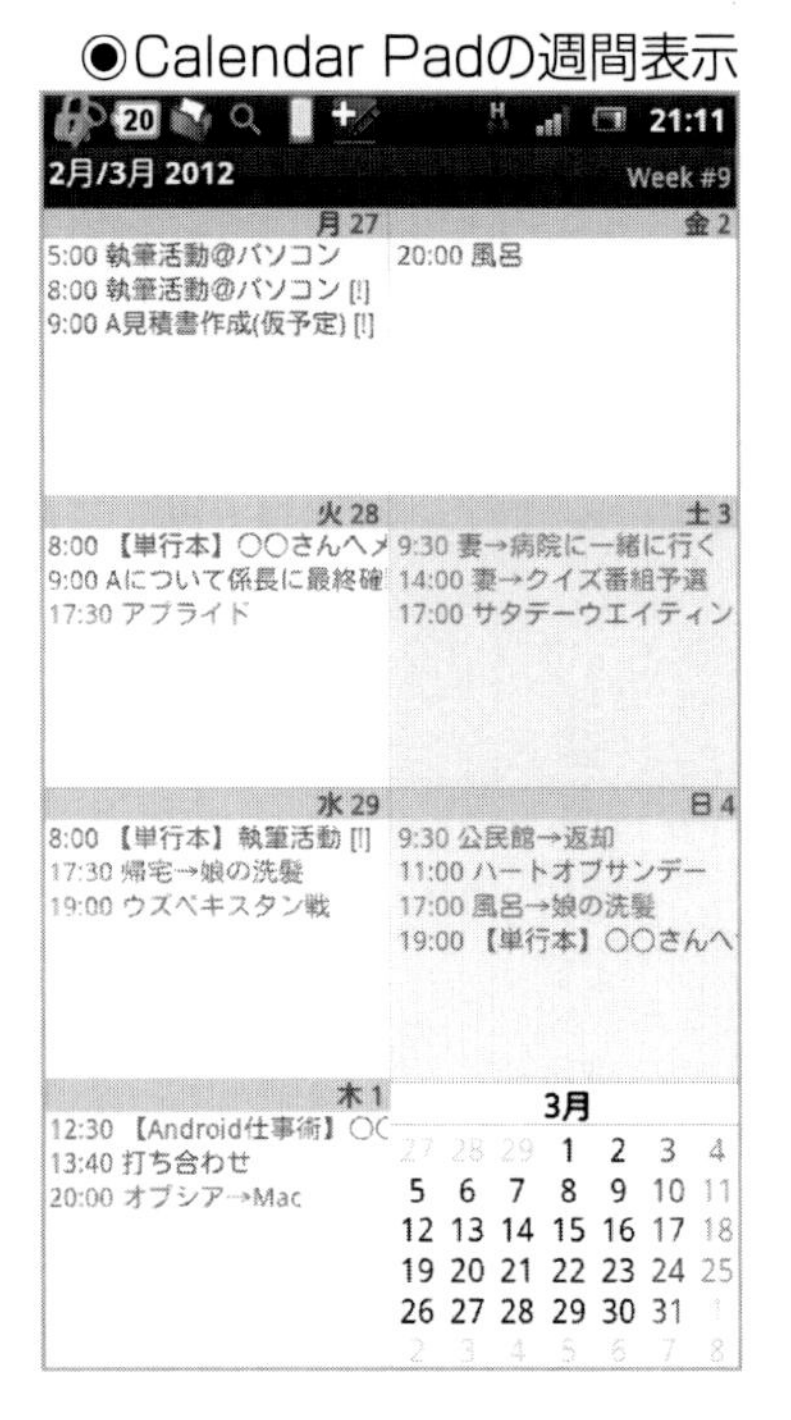

Androidアプリ情報
Calendar Pad

- ジャンル ・・・ 仕事効率化(スケジュール管理)
- 提供元 ・・・ MoaiApps
- 価 格 ・・・ 無料(有料版あり)

Calendar Padで予定を追加するには

1 入力画面の呼び出し

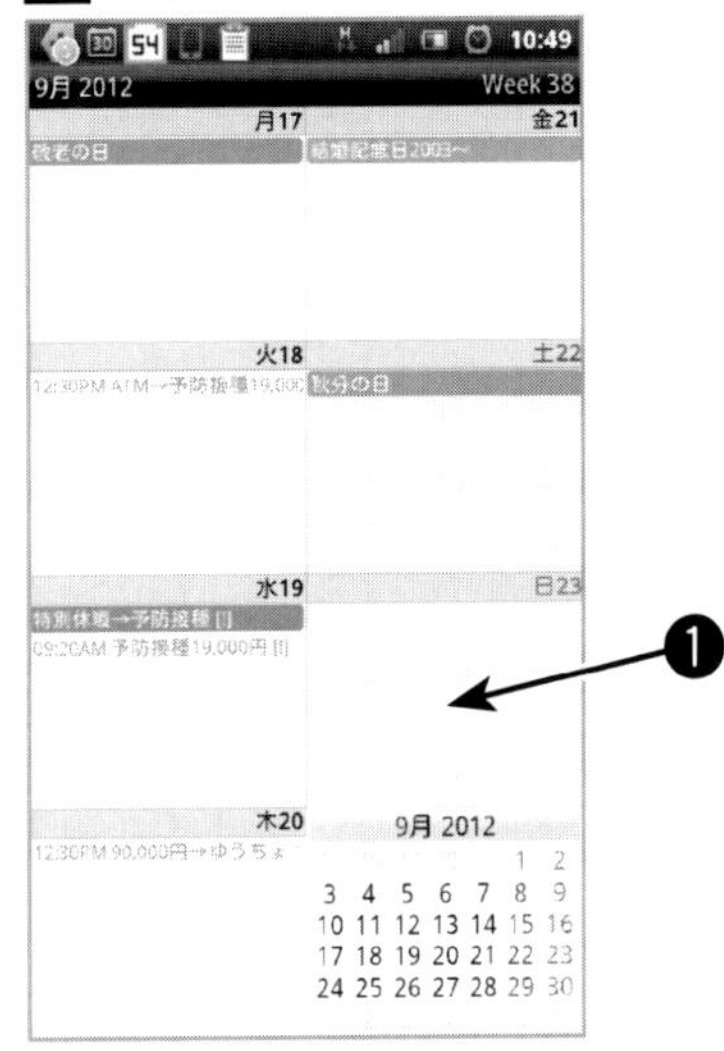

❶日付を長押しする。

2 件名の入力

❷「件名」=タスク名を入力する。
❸開始時刻をタップする。

3 開始時刻の指定

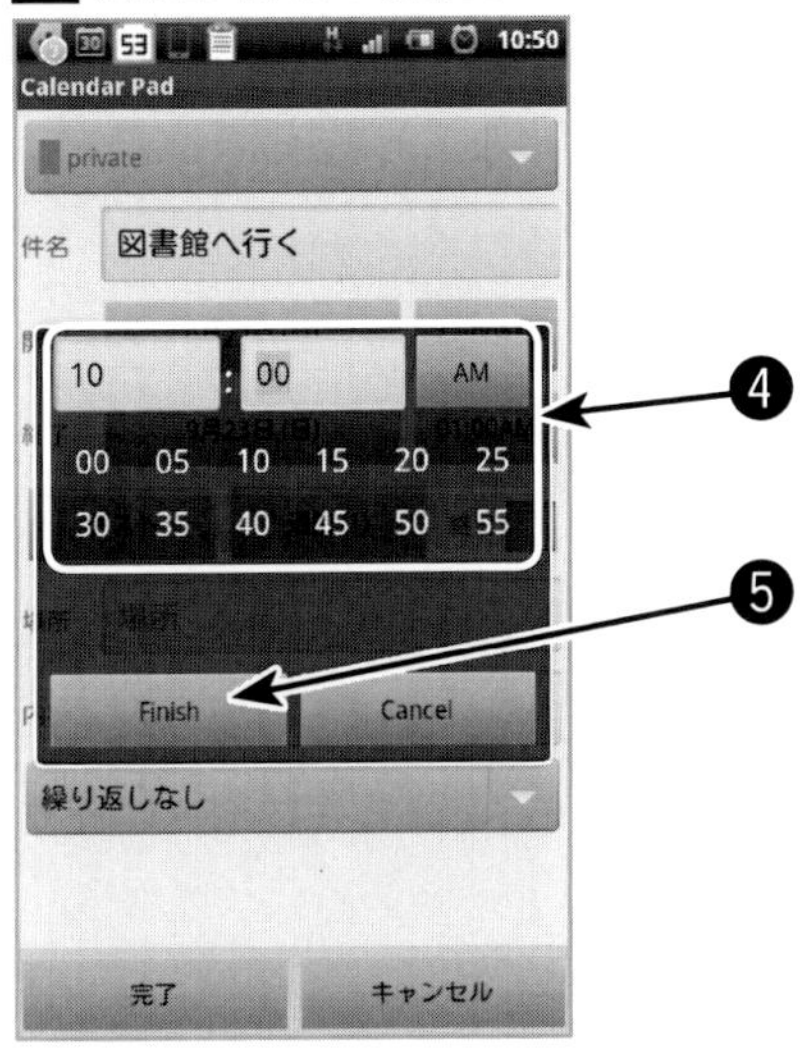

❷開始時刻を指定する。
❸[Finish]ボタンをタップする。

4 予定入力の完了

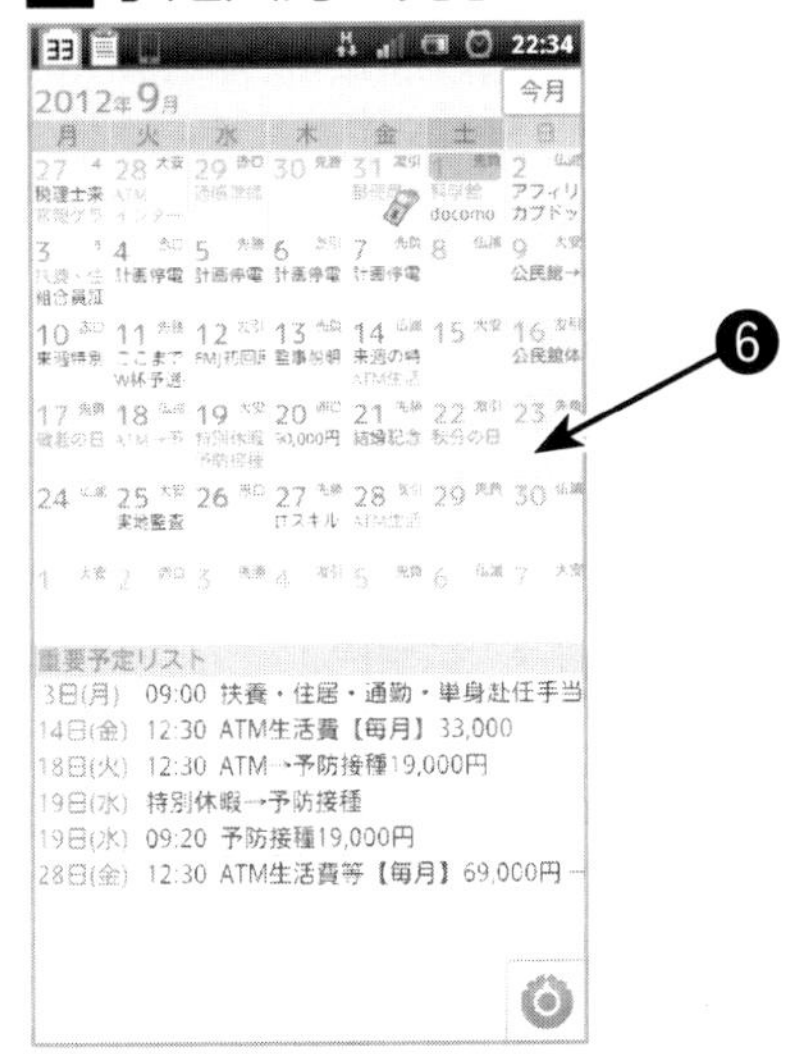

❻画面が2に戻るので、[完了]ボタンをタップすると予定が登録される。

GoogleにGTDのリストを全部入れる

GTDのリストには複数のツールが必要です。しかし、できる限りツールを少なくしたいのであれば、ほとんどのリストをGoogleカレンダーとGoogle Tasks（ToDoリスト）にまとめることが可能です。

- 次にとるべき行動⬇日時を決めてGoogleカレンダーに入力する
- 時間が決まっている予定⬇Googleカレンダーに入力する
- 連絡待ち⬇連絡が来ない場合に確認する日時を決めて、Googleカレンダーに入力する
- プロジェクト⬇Google Tasksに入力する
- いつかやる／多分やる⬇Google TasksもしくはGoogleカレンダーの将来に入力しておく

「次にとるべき行動」をカレンダーに入力するのは今まで説明してきた通りです。可能な限りスケジュール化しましょう。会議などの開始時刻が決まっている予定を

カレンダーに入れるのも当然です。

「連絡待ち」リストもカレンダーに入れておくことで、連絡を待っていることを忘れないようにすることができます。たとえば部下に仕事を依頼したら、その進捗状況を確認すべき日時を決めてカレンダーに入力しておきます。リマインダーをセットすることで忘れずに部下に確認できます。

この際、筆者は「次にとるべき行動」などと区別するために、「連絡待ち」タスクの頭に「【hold】」という単語を付けるようにしています。【hold】は、またスマホでもパソコンでも単語登録して「まち」という読みですぐに入力できるように設定しています。ちょっとしたコツです。

Googleカレンダーでは、複数のカレンダーを色分けして作成することができます。その機能を利用してリストごとに別のカレンダーを作ってもいいでしょう。

◉「連絡待ち」タスクの入力

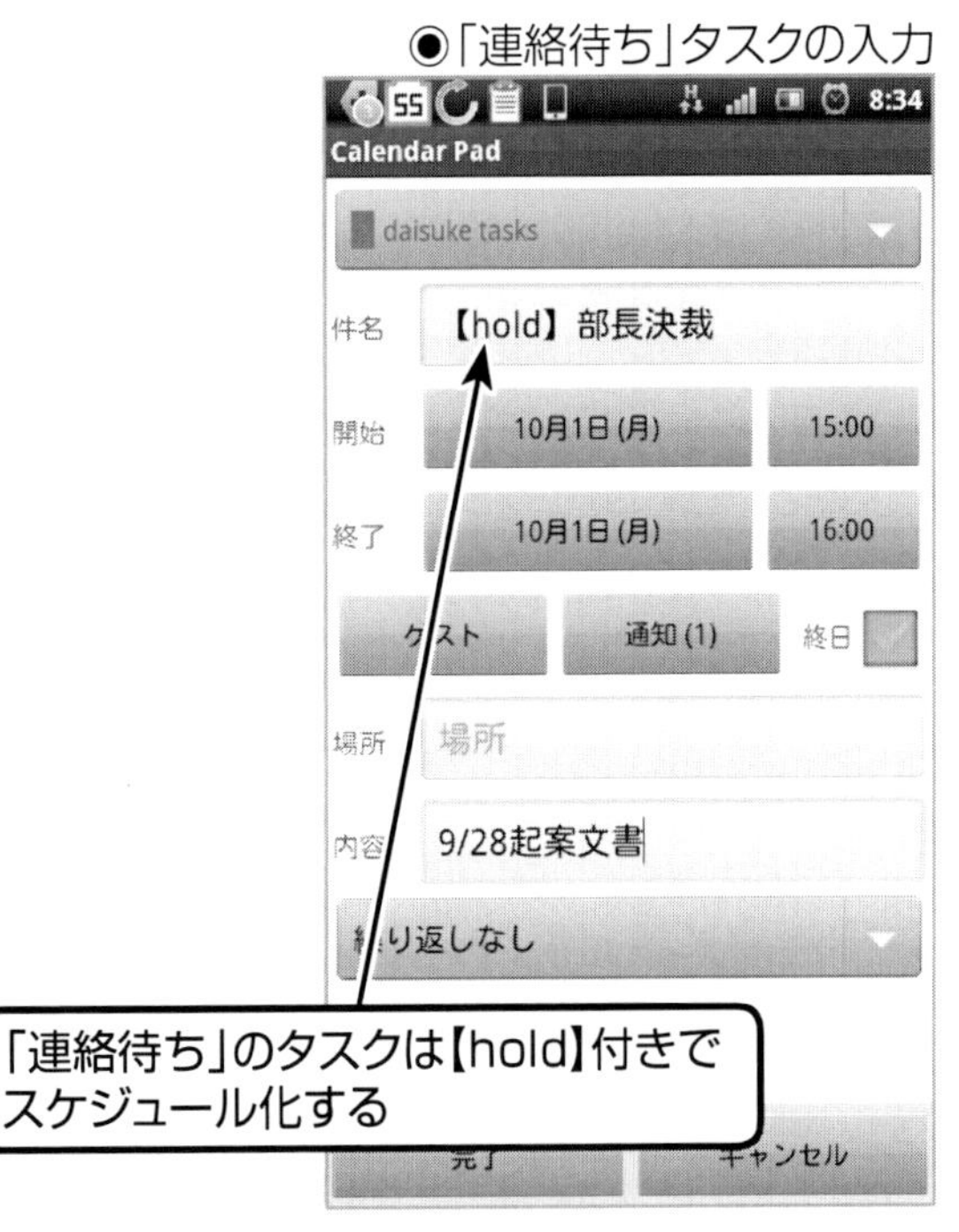

さて、GTDのリストの中で「資料」リストが残っています。さすがに資料については、Googleのサービスを使うより、Evernoteを利用した方がよさそうです。

ジョルテでGTDのリストをまとめる

筆者はデザインや操作感が好きでCalendar Padをメインに使っています。しかし、機能を重視すると、「ジョルテ」というアプリが便利です。ジョルテを利用すれば、GoogleカレンダーとGoogle Tasksにまとめたリストを両方使うことができるからです。

ジョルテはシステム手帳風のUI（ユーザーインターフェイス）が特徴のカレンダーアプリです。国産アプリであり、日本語表記なので操作や設定で迷うことは少ないでしょう。Googleカレンダーと同期可能なアプリの中では人気も信頼性も高いアプリです。しかも無料です。

ジョルテにはCalendar Padにはないバーチカル表示があります。バーチカル表示とは、手帳では縦に時間軸がある表示形式です。時間をブロックとして視覚的に把握できるので、タスク管理しやすい表示です。53ページで紹介した佐々木かをり氏は、バーチカルタイプの紙の手帳を使用しています。

　また、ジョルテはToDoリストがGoogle Tasksと同期できます。そのためGoogle Tasksに入れてあるプロジェクトリストとカレンダーを一緒に表示することが可能です。これでプロジェクトを意識しながらスケジューリングすることができるようになります。

　一覧表示はGTDのレビューにおいて威力を発揮します。プロジェクトリストを見ながら「次にとるべき行動」を洗い出して、それをカレンダーに入力するというスムースな流れができます。プロジェクトの実行力が上がるでしょう。

◉カレンダーとプロジェクトが一覧できる

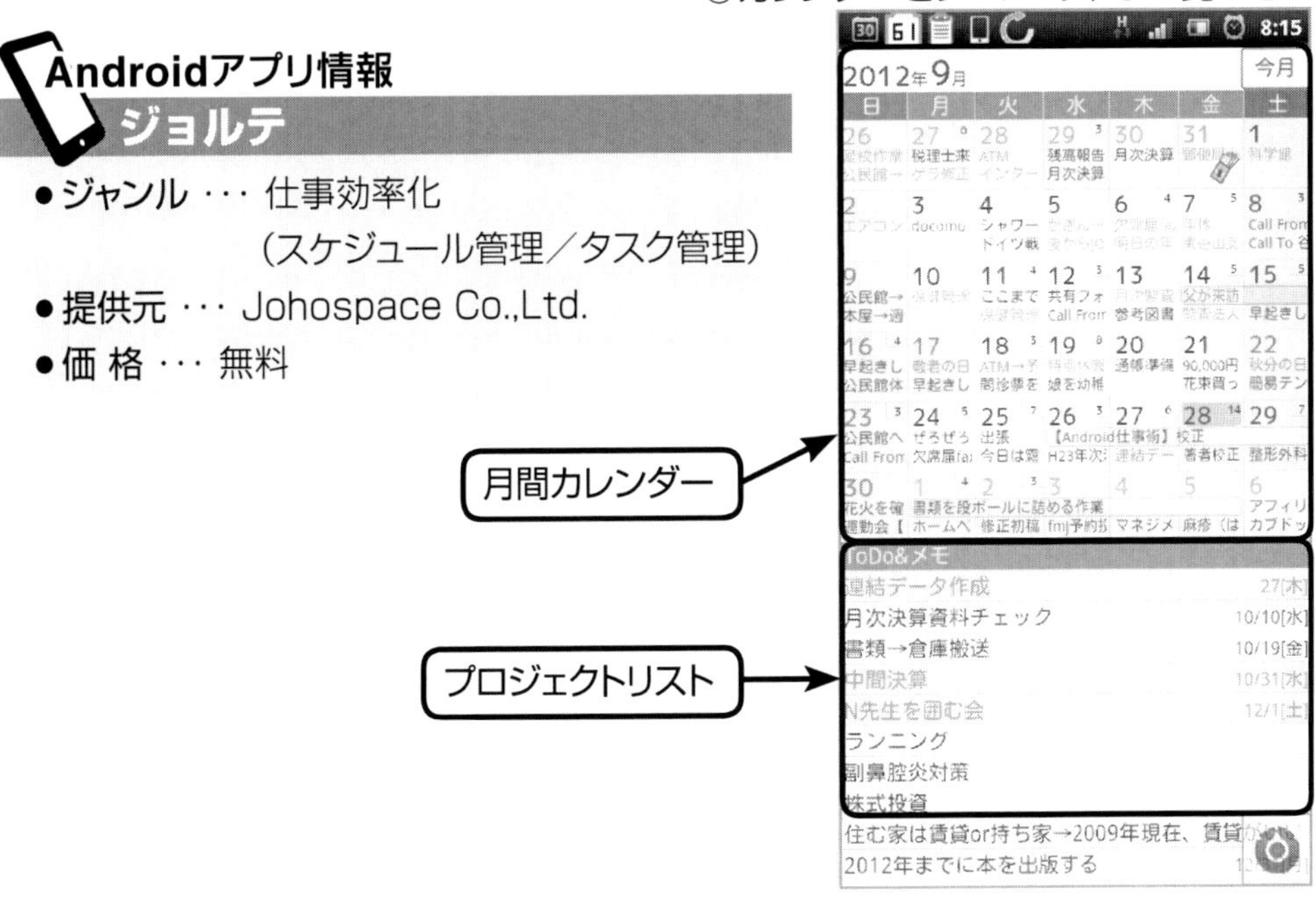

予定の複製機能もあります。たとえば「【Android仕事術】原稿執筆」という繰り返す作業は、複製機能を使ってレビューの際にどんどんカレンダーに入力するといいでしょう。そのようにしてタスクをスケジュール化していきます。

紙の手帳でGoogleカレンダーをバックアップする

便利なGoogleカレンダーですが、クラウドサービスならではの不安もあります。たとえば、サービスが一時的にでも停止してしまうと予定を確認できないという状態になってしまいます。

そこで筆者はシンプルで薄い手帳をバックアップ用途として使っています。クラウドサービスを利用するにあたっては、通信ができなかったり、サービス自体が停止してしまうことも想定しておく必要があるでしょう。

使っているのは、雑誌の付録だった、手のひらサイズの手帳です。フォーマットは、見開きの月間ダイアリーとなっていて、メモ欄もほとんどないごく薄いものです。この手帳に、Googleカレンダーから、どうしても外せない重要なスケジュール(タスク)のみ転記しています。

たとえばスマホで電話する時などはスマホでGoogleカレンダーを見ることが難しいので、手帳を見ながら電話をするとアポイント調整などがやりやすいのです。

クラウドサービスを利用する不安があるとはいえ、バックアップは簡単にできます。これはセクション06で説明したような「信頼できるシステム」の条件として充分ではないでしょうか。

スマホのホーム画面にMITとゴールを表示する

いつでもMITを確認できる状況を作る

飛び込み案件があると自分がやっていたMITを忘れてしまう人、MITを設定したのに実践できない人、自分のゴールがあるのについ他のことをやってしまう人は、MITやゴールを常に見えるようにしておくといいでしょう。

Androidにはホーム画面にウィジェットを置くことができます。「ウィジェット」とは、ホーム画面で動作する小さなアプリのことで、時計、天気予報などを視覚的に表示するものなどがわかりやすい例でしょうか。

◉ウィジェットでいっぱいのホーム画面

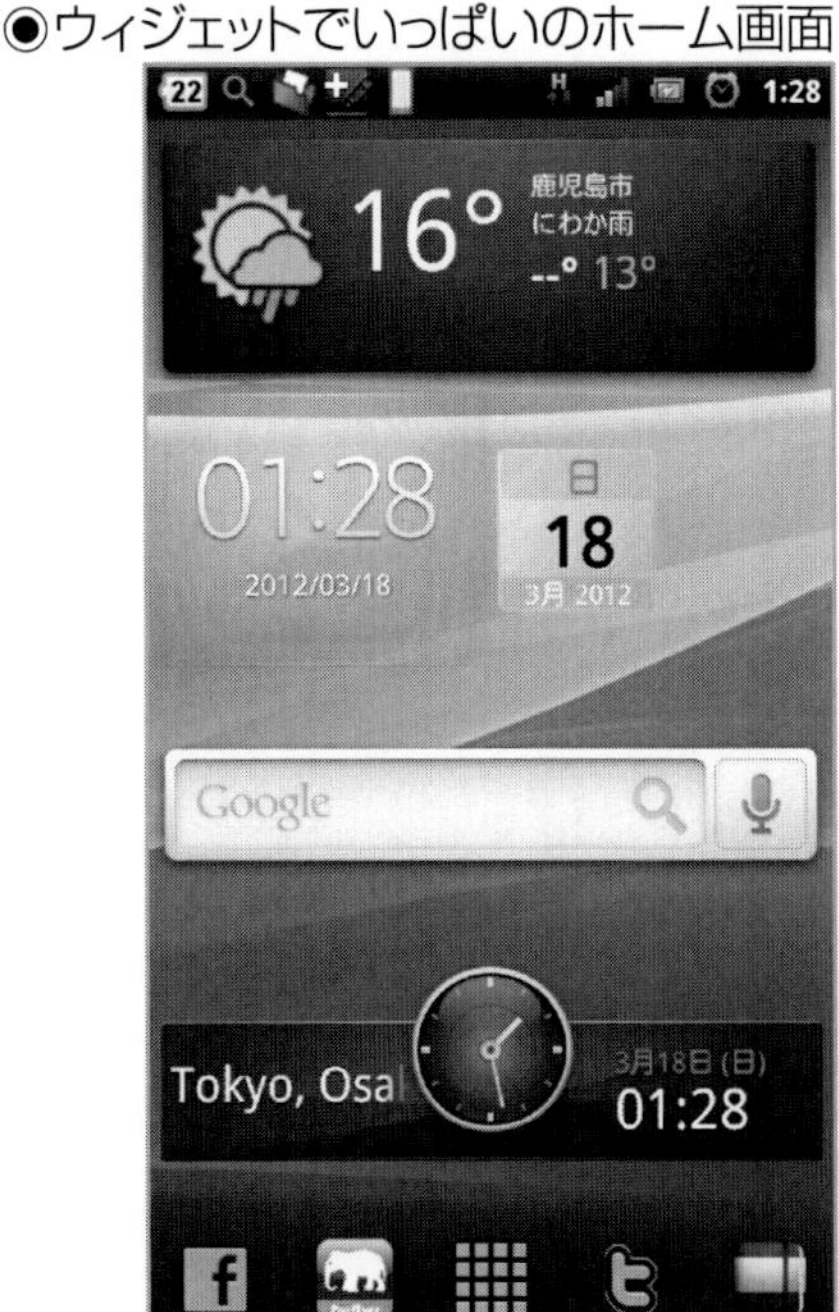

ウィジェットを利用するとMITをホーム画面に表示することができます。MITを入力しているアプリをわざわざ起動しなくていいところが利点です。大学受験で机の上方に志望校を大きく張り出すような効果が期待できるでしょう。

使用するアプリは次の2つです。

- Simple Calendar Widget
- ColorNote

Simple Calendar WidgetでMITを「見える化」する

筆者はAndroidのホーム画面に「Simple Calendar Widget」を置いています。Simple Calendar Widgetはカレンダーの予定をウィジェット表示するアプリです。デザインもクールです。大きさもいろいろ選択できます。

Simple Calendar Widgetの設定では、直近3つの予定が表示されるようにするといいでしょう。これがMITになっています。MITをホーム画面に「見える化」することで常にMITを意識しながらタスクを実行することができるわけです。

ウィジェットをタップすればカレンダーアプリのCalendar Padが起動します。予定を修正したり、時間を変更したりすればすぐにSimple Calendar Widgetに反映されます。

たとえば仕事中には電話が鳴ったり、突然上司に呼び出されたりと飛び込みタスクがいろいろと発生します。その中でもMITを忘れずに意識するためには、常にMITを「見える化」しておく工夫が必要です。ウィジェットを使ってホーム画面に直近の予定を表示するのは1つの方法です。スマホであれば、特殊な職場でなければ仕事中でも常に手元に置いておくことができるはずです。

◉ホーム画面に直近の予定を表示

ホーム画面にMITが表示される

2月18日 6:00～7:00
職場に行ってみる
16:00～17:00
今夜はピザを注文する
2月19日 9:30～10:30
公民館→返却1冊

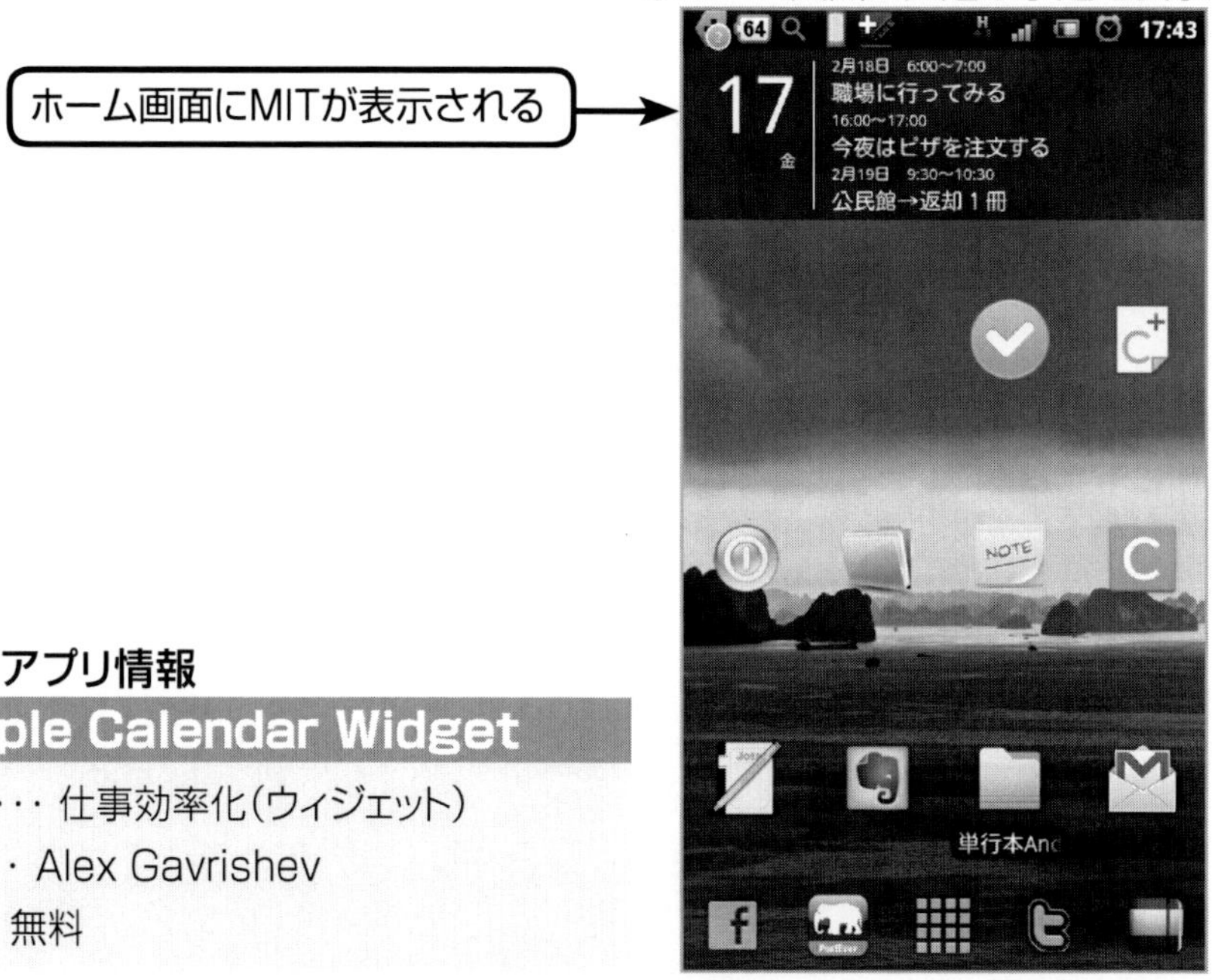

Androidアプリ情報
Simple Calendar Widget

- ジャンル … 仕事効率化（ウィジェット）
- 提供元 … Alex Gavrishev
- 価 格 … 無料

しかし、そのためにも、繰り返しになりますが、「タスクは実行する時間を決めてカレンダーに入力する」ことが重要です。

もし、MITをカレンダーに入力しないのであれば、別のアプリや方法でホーム画面にMITを表示させる工夫をするのも1つの方法ではあります。たとえばToDoアプリやメモアプリ、付箋アプリでホーム画面にウィジェット表示できるアプリを使ってみてもよいでしょう。

ColorNoteでゴールも「見える化」する

筆者が使用している「ColorNote カラーノート メモ帳 ノート(以下「ColorNote」)」は、ノートをカラフルに色分けして管理できるメモアプリで、ToDoかつメモ、さらに付箋機能も備えています。

ColorNoteは複数のノートを作成することができます。ノートを色分けすることにより、ジャンルごとの管理などができます。

ノート作成時は、まずテキストかチェックリストを選びます。メモであればテキスト、タスク管理であればチェックリストを使い

Androidアプリ情報

ColorNote カラーノート メモ帳 ノート

- ジャンル … 仕事効率化（メモ管理／タスク管理）
- 提供元 … Notes
- 価 格 … 無料

ます。ノートごとにリマインダーをセットすることもできます。

チェックリストは手動で順番を変えることができ、ステータスや50音順でソートすることも可能です。そのほか、GREP機能に近い各ノートの串刺し検索機能もあります(GREP検索についてはセクション23参照)。GREPにより複数のノートを一緒に検索できます。

◉ColorNoteのさまざまなウィジェット

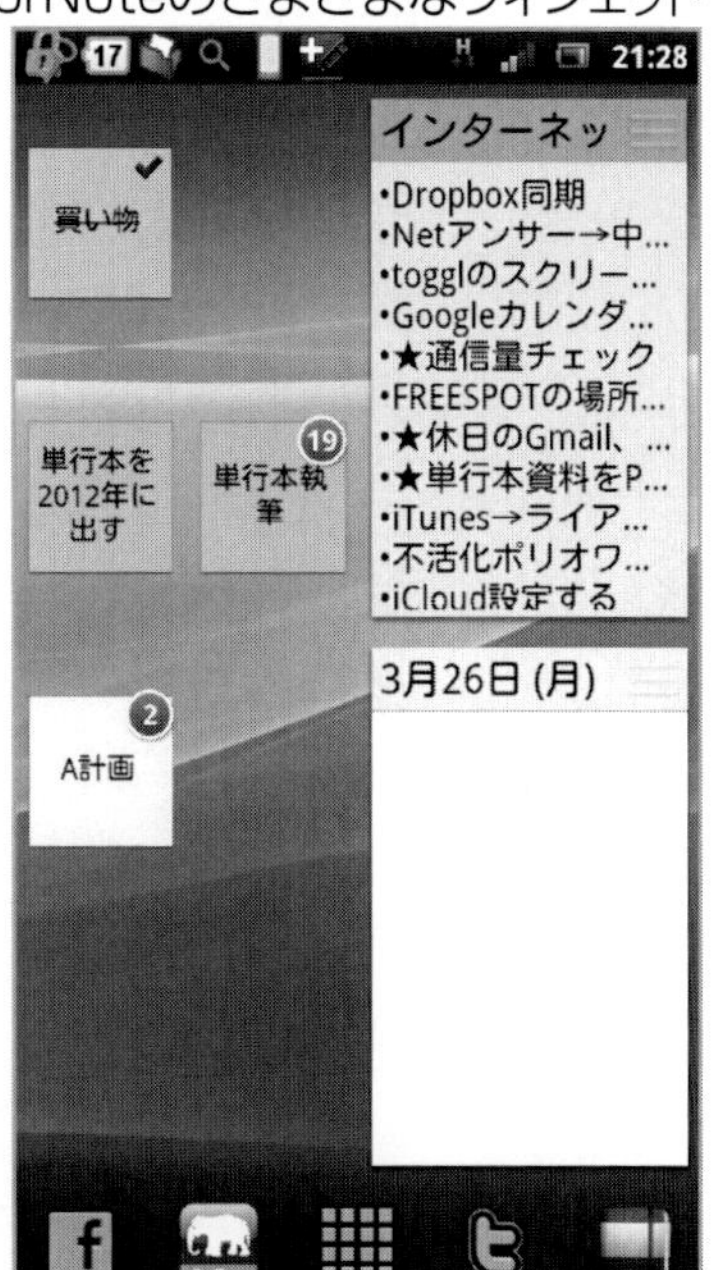

ゴールを「見える化」するにはColorNoteのウィジェット機能を使います。ちなみにウィジェット機能を使うには、ColorNoteがSDカードにではなくスマホ本体にインストールされている必要があります。

ウィジェットをホーム画面に置けば、ゴールを「見える化」できます。チェックリストのウィジェットには右肩に未完了の数が表示されます。ウィジェットをタップすればノートが起動します。ゴールに関わるノートをホーム画面に置いて、常に意

メモ(チェックリスト)を追加するには

1 入力画面の呼び出し

❶ ボタンをタップします。

2 ノートの選択

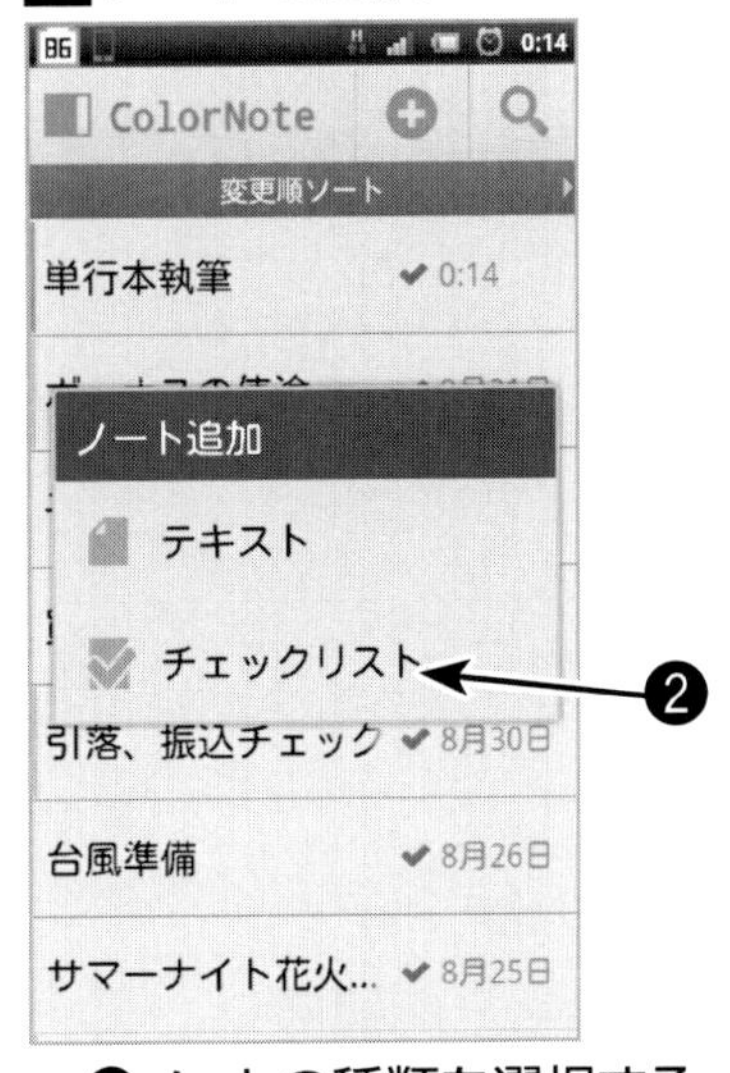

❷ノートの種類を選択する。

3 ノート名の入力

❸ノート名を入力する。
❹[アイテムを追加]をタップする。

4 アイテムの追加

❺アイテムを入力する。
❻[OK]ボタンをタップする。

メモの色を変更するには

1 パレットの表示

❶ボタンをタップする。

2 色の選択

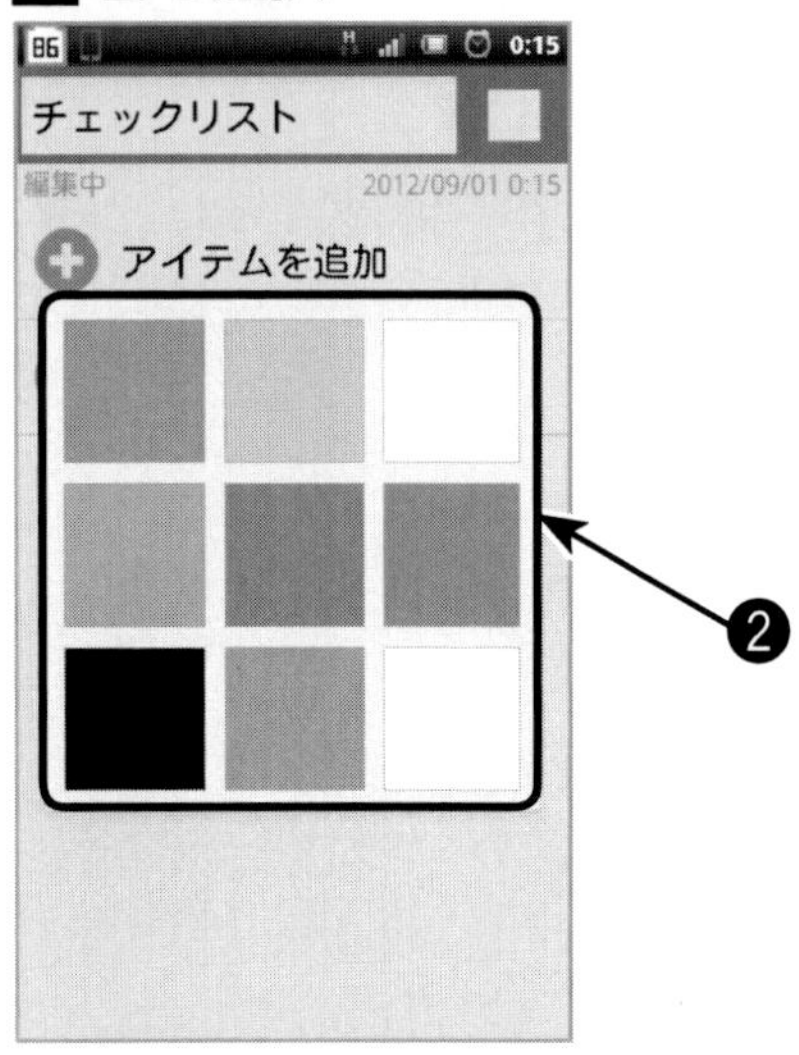

❷変更したい色を選択する。

メモ(テキスト)を入力するには

1 メモの入力

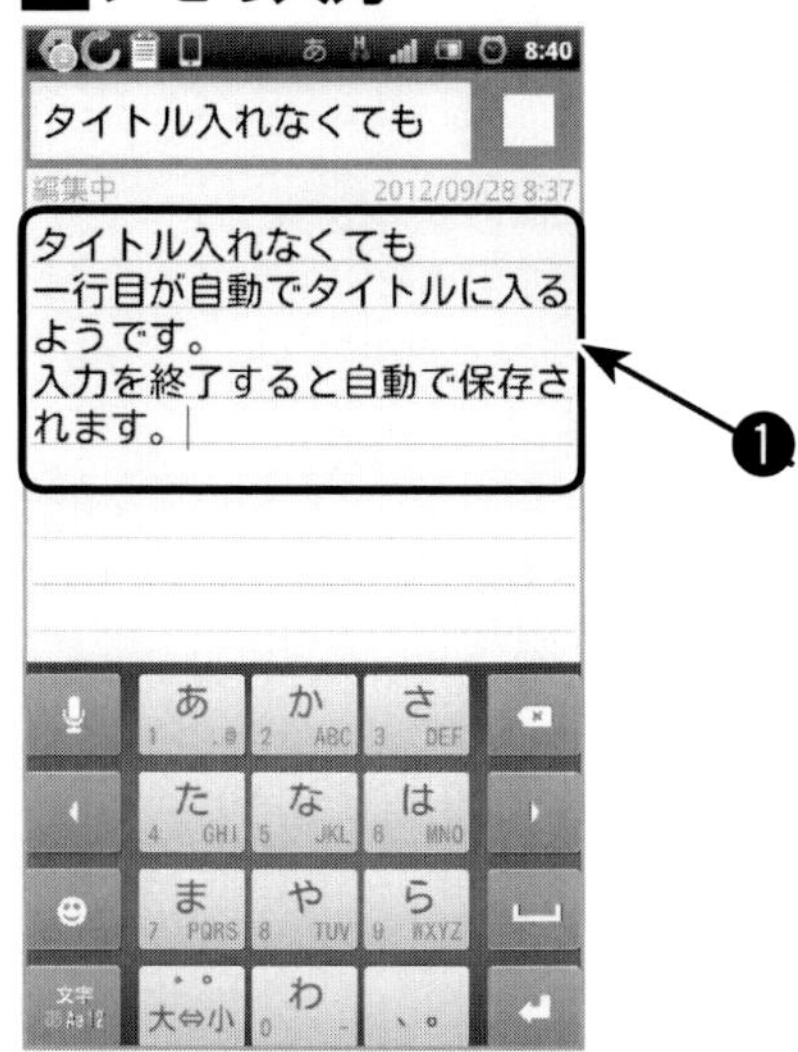

❶文字を入力し、入力が完了したらスマホの[戻る]ボタンを2回タップする。

2 メモの入力の完了

❷メモが保存される。

識するといいでしょう。そして、意識したときに1つでも「次にとるべき行動」を洗い出せると一歩ゴールに近づいたことになります。

チェックリストを消し込むには

1 チェックリストの表示

❶消し込む行をタップする。

2 チェックリストの消し込み

❸行に消し込み線が引かれる。

「次に取るべき行動」をToDoアプリで管理する

「やらなければならないこと」を別管理する

これまで次のようなことを提案してきました。

- 重要なタスクはMITとしてGoogleカレンダーに入力する（セクション11参照）
- MITをスマホのホーム画面に表示して常に意識する（セクション12参照）

しかし、「次にとるべき行動」はMIT以外にもたくさんあります。それらは最優先タスクではないものの、実行しないわけにはいかないタスクです。それらまでGoogleカレンダーに入力してしまうとカレンダーが見にくくなります。そこで別のToDoアプリを使って管理しています。

「多ToDoアプリ派」のススメ

ToDoリストというものがあります。「やらなければいけないこと」、いわゆるタスクをリスト化したものです。これを管理できるアプリがスマホには無数にあります。いわゆる「ToDoアプリ」です。

あるいは、メモ用のアプリでToDoリストを作ることも可能です。たとえばパソコンではテキストファイルでシンプルなタスク管理をしている人もいるでしょう。

筆者は、無数のToDoアプリを試してきました。そして、現在は、複数のToDoアプリを使っています。こういったスタイルを「多ToDoアプリ派」と呼ぶことにします。

文房具についてのスペシャリストである和田哲哉氏は複数のノートを同時に並行して使う人を「多ノート派」と呼んで次のように言っています。

> もちろんやみくもにいくつものノートを使えばよいというわけではありません。動機づけを明確にしつつ上手にノートを分冊する使いかた、またそういった使いこなしをする人を「多ノート派」と呼んでみました。(和田哲哉『文房具を楽しく使う[ノート・手帳篇]』(ハヤカワノンフィクション文庫)

同じことをToDoアプリでやろうというわけです。
「多ToDoアプリ派」(発音しにくいですね)というあり方は、正統派ではないのかもしれません。しかし、筆者にはToDoアプリを複数使うやり方がしっくり来るようです。問題も特に起きていません。それは、本当に「やらなければいけないこと」については、MITとして「実行する時間を決めてカレンダーに入れる」という原則を実践しているからです。これについてはセクション08をはじめに繰り返し述べてきました。「動機づけを明確にしつつ上手に」複数のToDoアプリを使うことは充分に可能だと思います。

もちろん無理に「多ToDoアプリ派」である必要性はありません。1つのToDoアプリにまとめた方がストレスがないならば、その方がいいということになります。ToDoアプリに関しても自分のフォームは自分で試行錯誤しながら見いだす必要があるわけです。

ToDoアプリの使い分けの基準とは

「多ToDoアプリ派」というあり方を提示しましたが、ToDoリストはスマホに留まるものではありません。たとえば筆者の場合、次のようなToDoリストを使い分けています。

- 仕事でのプロジェクト管理➡PCでOutlook
- 仕事でのタスク管理➡スマホのCheck*pad
- 自宅でのタスク管理➡手書きの「薄い手帳」
- 通勤その他外出先でのタスク管理➡スマホのToDoアプリ

これらはコンテキスト(状況、環境)によって使い分けをしています。

仕事であればOutlookの「仕事」でプロジェクト管理します。ちょっとしたタスクであれば、机の上の裏紙メモ用紙に書きます。ネット環境があるパソコンではcheck*padにさまざまなToDoリストが入っています。自宅に戻るとネットから離れたいので「薄い手帳」にタスクをメモしたりします。買い物に出かけたときは他に買うべき物がないかをスマホのToDoアプリで確認します。

このようなToDoリストの使い分けは、筆者が仕事と仕事以外の時間を明確に分けることができる「サラリーマン」であり、また仕事もデスクワーク中心だから可能なのかもしれません。これらの区分がはっきりしているのでコンテキストが明確だからです。

　そのためToDoリストの使い分けが簡単にできます。むしろ、使い分けた方がモードの切替がうまくいく気がします。よって、ToDoリストは無理に1つにまとめなくてもいいと考えています。

　重要なことは、MITなどスケジュール化したタスクだけ

●check*padの画面

Webサービス情報

check ＊ pad

- ジャンル・・・リスト管理／タスク管理
- 提供元・・・点灯夫
- 価 格・・・無料

URL http://www.checkpad.jp/

は1つにまとめておくことです。ここだけはGoogleカレンダーにまとめています。もちろん、Googleカレンダーなどのオンラインカレンダーを使わずに、紙の手帳に一元化するのも1つの方法だと思います。しかし、カレンダーだけは「ポケット1つ原則」を守った方が間違いがないので、いつでもどこでも最新のデータを見ることができるクラウドサービスを使った方が便利です。

スマホにおける具体的なToDoアプリの活用については、後ほどセクション17で紹介します。

SECTION 14

「Do it(Tomorrow)」でシンプルにタスク管理する

タスク管理をもっとシンプルにする

ここまで読んで、タスク管理が面倒だと感じている人もいるでしょう。仕事が面倒なのは当たり前ですが、その仕事を管理するタスク管理が面倒ということになると本末転倒です。そういう方は、まずはシンプルなToDoアプリを使ってはどうでしょうか。筆者も愛用している「Do it(Tomorrow)」というアプリをおすすめします。

今日と明日のタスクのみを管理する「Do it(Tomorrow)」

「Do it(Tomorrow)」はシンプルなToDoアプリです。今日と明日のタスクを管理することに特化されています。画面は「TODAY」と「TOMORROW」の2面しかありません。モレスキン（198ページ参照）に似たデザインでアプリ起動時のページをめくる音が気持ちいいです。フリックで2面を切り替えて2日分のタスクを確認できます。タスクが完了したらタップして横線でタスクを消します。この操作感は心地よく、アプリを使いたくなります。

実際にノートでToDoリストを作っているような感覚です。しかし、そこはデジタルツールです。タスクが増えてもページに限界はなく、どんどん下に広げていくことができます。

さらにその日に完了できなかったタスクは自動的に翌日に引き継がれ、「TODAY」タスクになります。また、手動で「TODAY」と「TOMORROW」間のタスクの移動もできます。今日やる必要がないと判断したタスクは翌日へ

◉Do it (Tomorrow)の「Today」画面

Androidアプリ情報
Do it (Tomorrow)

- ジャンル … 仕事効率化(タスク管理)
- 提供元 … Adylitica, Inc.
- 価格 … 無料

Webサービス情報
Do it (Tomorrow)

- ジャンル … 仕事効率化(タスク管理)
- 提供元 … Adylitica, Inc.
- 価格 … 無料

URL http://tomorrow.do/

送っておけばよいわけです。先送りがしやすいアプリです。

　タスクの順番の移動も可能です。「edit」ボタンをタップすることで編集画面になるので、手作業で順番を変えることができます。編集画面ではタスクそのものを削除することもできます。通常は、完了して横線で消したタスクは翌日になれば引き継がれずに自動的に消えてしまうので、この画面でのタスクの削除は必要がなくなったタスクそのものを消す場合などに使えばいいでしょう。

　ただし、一般的なToDoアプリにあるリマインダー機能がありません。常にアプリをチェックする習慣が必要になります。

タスクを入力するには

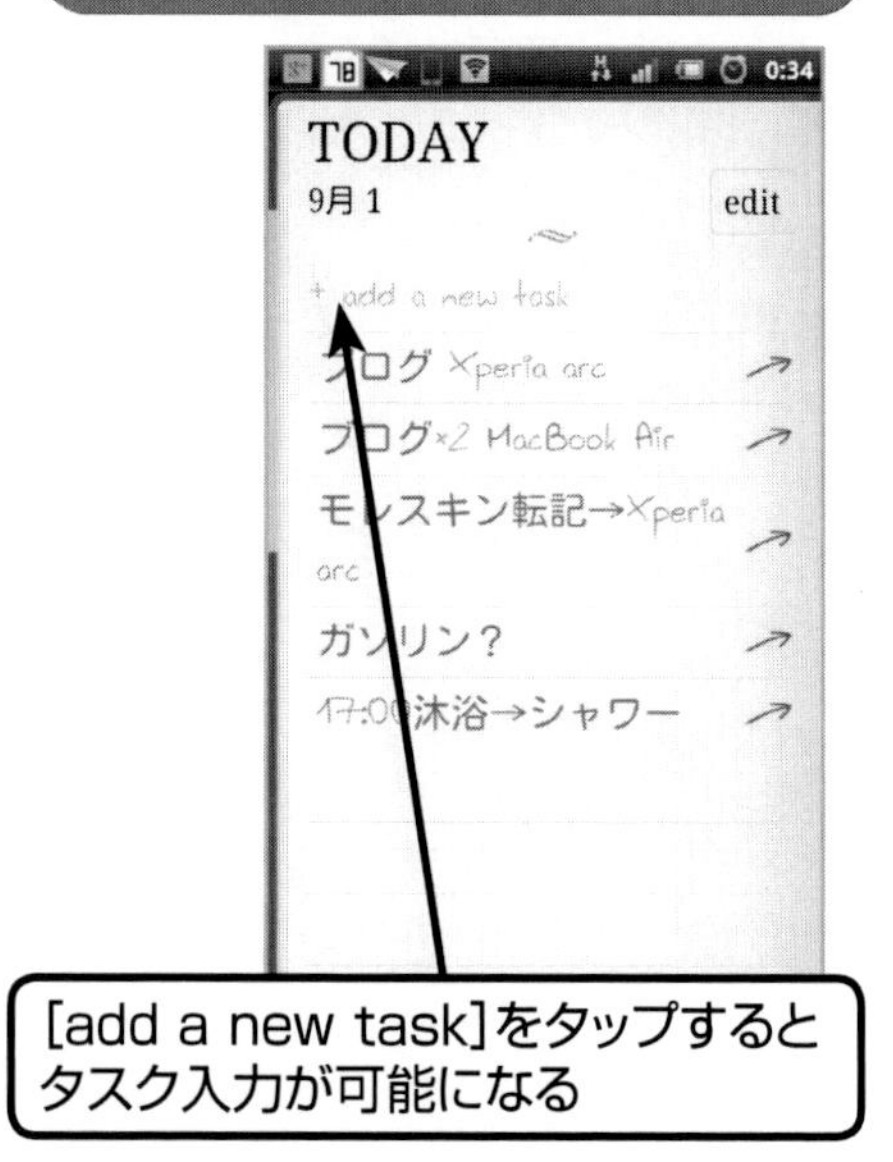

タスクを消し込むには

TODAYとTOMORROWの画面を切り替えるには
TOMORROW
edit
9月 2
+ add a new task
科学館に行く
「TOMORROW」の画面に切り替わる
TODAY
9月 1
edit
+ add a new task
ブログ Xperia arc
ブログ×2 MacBook Air
モレスキン転記→Xperia arc
ガソリン？
17:00沐浴→シャワー
左から右にフリックすると「TODAY」の画面に戻る
「TODAY」の画面で右から左にフリックする
タスクの削除／並べ替えをするには
「done」ボタンのタップで確定
TODAY
9月 1
done
+ add a new task
ブログ Xperia arc
ブログ×2 MacBook Air
モレスキン転記→Xperia arc
ガソリン？
17:00沐浴→シャワー
タップするとタスクを削除
ドラッグ&ドロップでタスクを並べ替える
「edit」ボタンをタップする
TODAY
9月 1
edit
+ add a new task
ブログ Xperia arc
ブログ×2 MacBook Air
モレスキン転記→Xperia arc
ガソリン？
17:00沐浴→シャワー

また、ウェブサービス版もあり、アプリと同期できます。ウェブサービスもほぼ同じUIなので、両者を違和感なく使うことが可能です。

シンプルにタスクを管理する

Do it (Tomorrow) は、「次にとるべき行動」を管理するのに向いています。次のような使い方ができます。

- 朝レビューをして今日1日の「次にとるべき行動」を洗い出す
- 「次にとるべき行動」を「TODAY」に入力する
- 「次にとるべき行動」を実行する
- 今日やる必要がなくなったら「TOMORROW」へ先送りする

◉ウェブサービスのDo it (Tomorrow)の画面

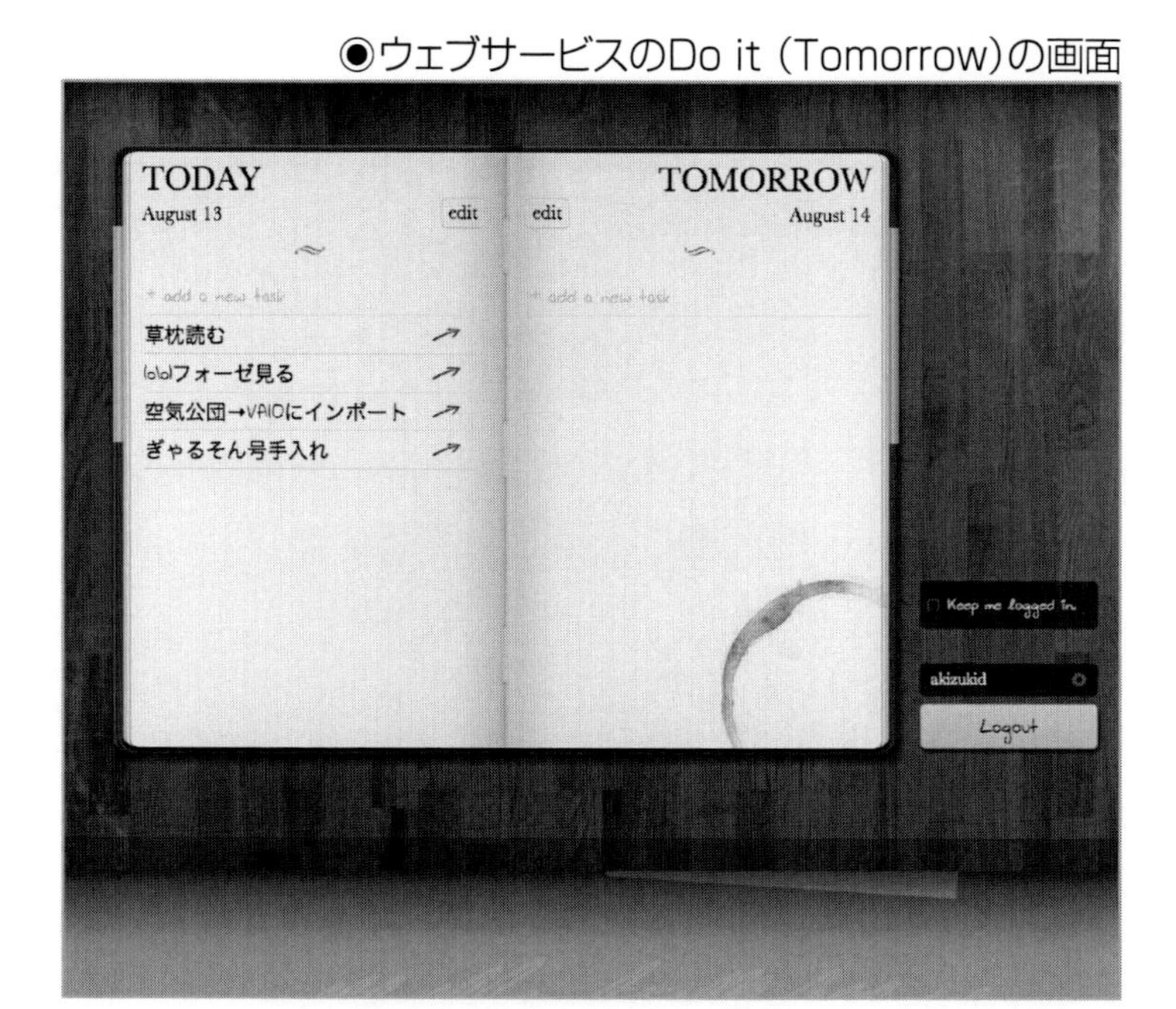

● 飛び込みタスクも「TODAY」に入力する
● 1日の終わりに残ったタスクは別のリストに転記するか先送りする

タスクの実行中に飛び込んできたタスクをとりあえず「TODAY」に入力するのは、inboxとしての使い方です（48ページ参照）。プロジェクト管理が不要な単発タスクであればDo it（Tomorrow）で充分にタスク管理ができそうです。

Do it（Tomorrow）に入れるタスクは具体的な行動を入れるようにします。55ページで述べた「タスクを実行可能なレベルで最小にする」ということです。そうすることで実行力は確実に高まります。

ToDoアプリの入門としてDo it（Tomorrow）は使いやすいアプリです。シンプルさに物足りなくなったらもっと高機能なToDoアプリを探してはいかがでしょうか。

Do it（Tomorrow）で習慣を定着させる

Do it（Tomorrow）は、習慣を定着させるためにも使いやすいアプリです。次のようなやり方でいかがでしょうか。

- 習慣化したい行動を「TODAY」に入力する
- 行動を実行したら「TOMORROW」へ送る
- やらなくても自動的に「TOMORROW」へ送られる
- 習慣化されたら消す

記録（ログ）を残さないため、振り返りには適しませんが、手軽に習慣化を試みるやり方としてはいいのではないでしょうか。

シンプルなToDoアプリでもその特徴を活かして、タスク管理に留まらない使い方が工夫できます。

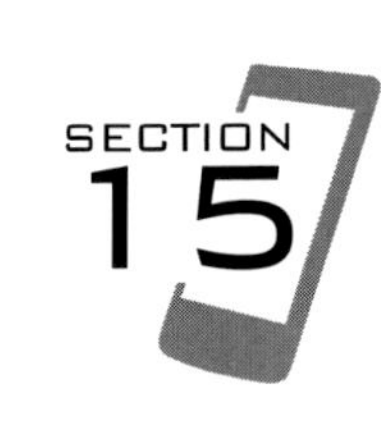

「Evernote」でプロジェクトを管理する

プロジェクトとはタスクの集合体

GTDのワークフロー（47ページ参照）における「プロジェクト」はどのように管理したらよいでしょうか。

本書では、プロジェクトを次のように定義します。

完了するために複数のタスクを必要とするもの

つまり、プロジェクトは「次にとるべき行動」の集合体となっています。たとえば、本書の執筆などはプロジェクトになるでしょう。誰でも仕事だけではなく、日常でも「調子が最近おかしい洗濯機を買い替える」とか、「反抗

プロジェクト「提案書」

- 企画に関する資料を集める
- 企画の骨子を策定する
- 企画の詳細を検討する
- プレゼン資料を作る

プロジェクトが完了するまでには複数のタスクが必要

期の息子への対応」というプロジェクトを抱えていると思います。そういったプロジェクトを頭の中に置いておくとストレスは増すばかりです。やはり頭の外に出して「信頼できるシステム」に管理させた方がいいでしょう。

GTDの提唱者であるデビッド・アレンは「プロジェクトは実行不可能」と繰り返し述べています。複数のタスクのまとまりであるプロジェクトはそのままでは実行できないという意味でしょう。レビューなどで「次にとるべき行動」を洗い出す必要があります。

そういう意味ではAndroidアプリでは、実行不可能なプロジェクトについ

◉AndroidのEvernoteの画面

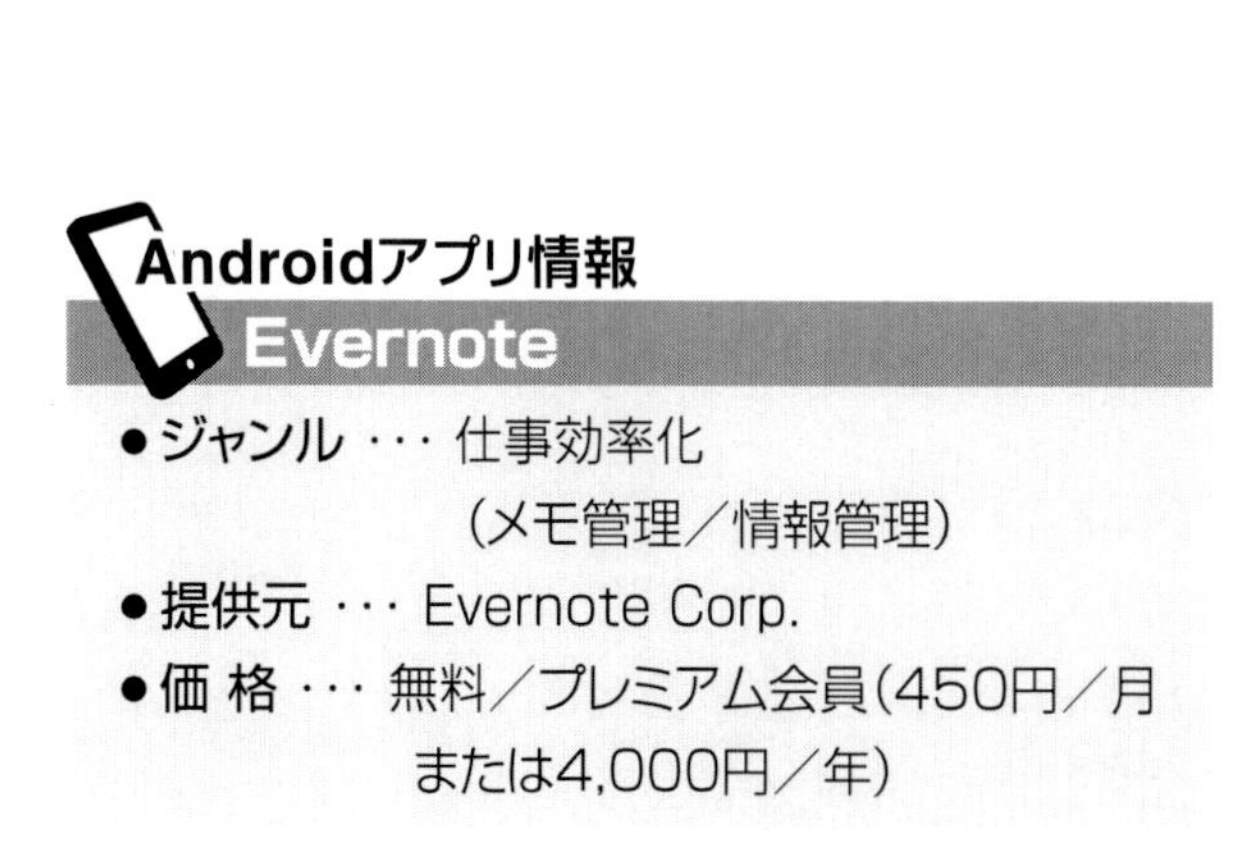

- ジャンル ･･･ 仕事効率化（メモ管理／情報管理）
- 提供元 ･･･ Evernote Corp.
- 価格 ･･･ 無料／プレミアム会員（450円／月または4,000円／年）

ては、ToDoアプリとは別に管理すべきです。チェックして1つひとつ消していくToDoアプリではなく、プロジェクトに関する情報をまとめておけるメモアプリを使うことを推奨します。そして、常に参照できることも重要です。この点で「Evernote」をプロジェクト管理に使うのは有効な方法となります。

Evernoteとは

Evernoteは、情報をノートとして保管できるウェブサービスです。とりあえずはクラウドのメモサービスだと思っておいてください。「すべてを記憶する」というキャッチフレーズがトップページに載っています。さまざまな情報を一元管理することができます。メモツールとしては、もっともメジャーなクラウドサービスです。

◉ウェブサービスのEvernoteの画面

Evernoteに関する書籍も数多く出版されているので、敷居も低くなっています。そこから来る信頼性も充分です。

また、Evernoteはブラウザからアクセスするウェブのみならず、WindowsやMacに対応したクライアントソフトもあります。iPhoneやAndroid用のアプリもあります。そのため「いつでもどこでも」Evernoteに情報を集め、そして集めた情報を参照できる環境を作ることが可能です。

Evernoteに情報を集めるスクラップブックとしての活用については１４９ページで説明します。ここでは、Evernoteをプロジェクト管理に使ってみる方法について考えてみます。

- Evernoteのノートでプロジェクト管理をする
- Evernoteのノートブックでプロジェクト管理をする
- Evernoteのタグでプロジェクト管理をする

Evernoteのノートでプロジェクト管理する

Evernoteは「ノート」が情報の単位となっています。そこでプロジェクト管理としては、1つのノートに1つのプロジェクトをあてるのが基本的な使い方でしょう。コツとしては次の2点です。

- 1つのノートに1つのプロジェクトに関する情報をまとめる
- チェックボックスを活用する

1つのノートに当該プロジェクトに関する情報をどんどんまとめていきます。URLリンク機能なども使うといいでしょう。

そして、Evernoteにはチェックボックス機能があります。チェックボックスとは、ToDoリストなどに使われる四角の箱のことです。これをチェックすることで、タスクの完了などを表現することができます。Evernoteのこの機能を使うと、プロジェクトに付随するタスクも同じノート内で管理することができます。

ただし、実際にはGTDの「次にとるべき行動」はGoogleカレンダーや他のToDo

アプリで管理した方がベターです。Evernoteのプロジェクトをレビューした際に、チェックボックスが付いたタスクは時間を決めてGoogleカレンダーに入力します。Evernoteのチェックボックスはプロジェクトをレビューする際にチェックします。

また、Evernoteはノート表示を更新日順にすることができます。そして、紙の書類と違ってEvernoteのノートは基本的に書類棚がいっぱいになることもありません。完了した古いプロジェクトノートも削除不要です。保存しておけば、将来、別のプロジェクトの資料になるはずです。

プロジェクトのタスクをカレンダーに転記する

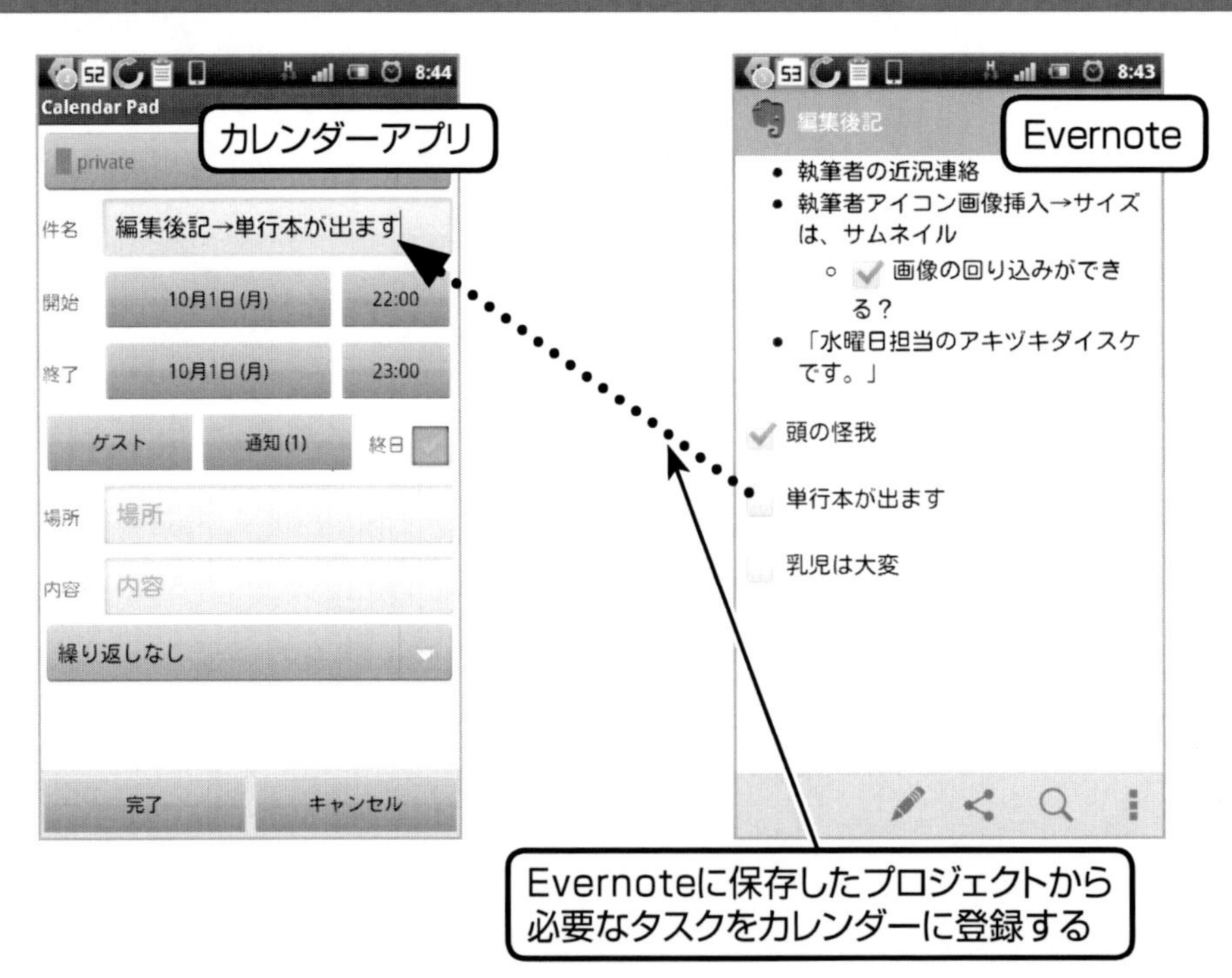

Evernoteのノートブックでプロジェクト管理する

次はEvernoteの「ノートブック」でプロジェクト管理することを考えます。ノートブックとは、パソコンでいうフォルダのようなもので、ノートを保管する場所となります。1つのノートが1つのノートブックにしか入れられないことは、ファイルとフォルダの関係と同じです。これは1つのノートに複数付けることが可能なタグとの大きな違いになります。

ノートブックでプロジェクト管理する方法は次のようなものです。

- プロジェクト名のノートブックを作る
- そのノートブックにプロジェクトに関するさまざまなノートを集める

まず当該プロジェクト名のノートブックを作ります。そして、そのノートブックにプロジェクトに関するさまざまなノートを集めるという使い方です。

ノートブックの名前を付けるにはちょっとしたコツがあります。プロジェクト名の頭に数字を付けると番号順にソートされるので便利です。プロジェクトの重要度に応じて数字を付けるといいのではないでしょうか。たとえば、筆者は本書の執筆に関して「2 Android仕事術」というノートブックを作っています。

ちなみに、ウェブクリップした場合など、ノートが最初に放り込まれるノートブックであるinboxの名前は「0 inbox」にしてあります。

この運用だとプロジェクトに関する資料がたくさんある場合の管理が容易になります。インターネットで見つけた資料などもEvernoteにクリップしてノートブックに集めるといいでしょう。

また、このプロジェクトノートブックについて筆者は一時的な使い方をしています。プロジェクトはいつか完了します。完了したプロジェクトについてもノートブックが残っていると数が増えすぎてEvernoteが使いにくくなりそうです。

そこで、完了したプロジェクトは、ノートをすべて「all」「family」「life」「work」のいずれかのノートブックに移しています。迷ったらとりあえず「all」に移します。そして、プロジェクトのノートブックそのものは削除しています。

この際にそれぞれのノートにプロジェクト固有のタグをつけておくのも1つの方法でしょう。それは続けて説明します。

Evernoteのタグでプロジェクト管理

3番目はタグでプロジェクト管理する方法です。この場合はプロジェクト名をタグにします。このやり方だとあるノートに複数のプロジェクトのタグを付けることが可能です。同時にたくさんのプロジェクトを抱えていて、それらの資料が共通する場合などに対応できます。

筆者は主にノートブックを活用する方法でプロジェクト管理を行い、完了したプロジェクトのノートにプロジェクト名のタグを付けて保管する、という運用をしています。

Evernoteでのプロジェクト管理の使用例

Evernoteでは、メモとチェックボックスを同じノートに作ることができます。それを活かしています。

出張の場合は、移動が多くなります。移動しているときはノートパソコンを取り出すのも手間なので、スマホで予定やメモ、タスクを確認できた方が便利です。そこで出張前日までに当日のスケジュールやタスクを洗い出してEvernoteの1つのノートにまとめておきます。タスクではないメモ、たとえば新幹線の予約番号や発車時刻などもメモしておくとタスクをこなしながら確認できて便利です。いわゆるToDoアプリではこの一覧性が弱くなります。

また、あらかじめノートブックをオフライン設定（プレミアム会員向けの機能）にすれば、インターネット接続ができない新幹線のトンネル内や地下などでもノートを参照し編集することができます。

ここではプロジェクト管理ツールとしてのEvernoteを考えてみました。本来の用途であるメモ管理ツールとしては149ページにも書いているので、そちらも参照してみてください。

◉出張用に作ったノート

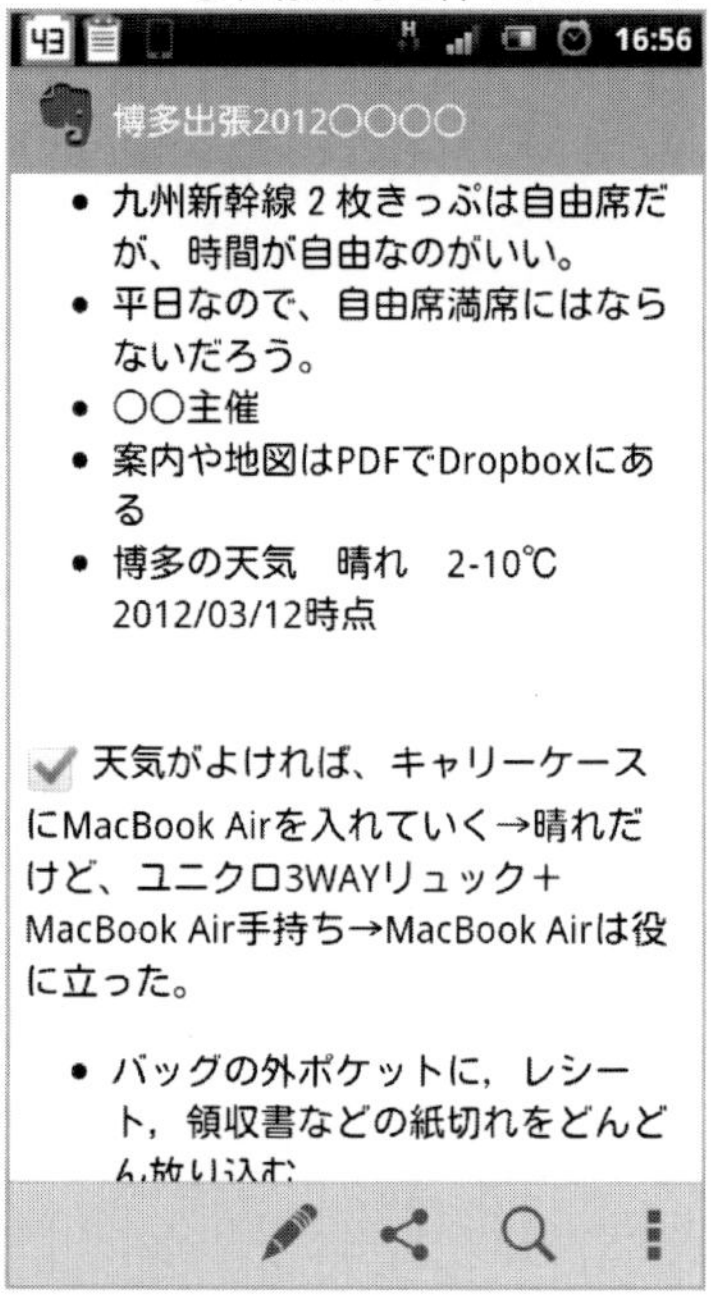

博多出張2012○○○○

- 九州新幹線２枚きっぷは自由席だが、時間が自由なのがいい。
- 平日なので、自由席満席にはならないだろう。
- ○○主催
- 案内や地図はPDFでDropboxにある
- 博多の天気　晴れ　2-10℃ 2012/03/12時点

天気がよければ、キャリーケースにMacBook Airを入れていく→晴れだけど、ユニクロ3WAYリュック＋MacBook Air手持ち→MacBook Airは役に立った。

- バッグの外ポケットに，レシート，領収書などの紙切れをどんど

「Catch」でプロジェクトを管理する

Evernote以外でのプロジェクト管理

このセクションでは、Evernoteとは別のアプリを使ってプロジェクト管理をしてみます。使うのは「Catch アイデアを行動に」(以下、「Catch」)というメモアプリです。「Evernoteがあればいいのではないか」と思うかもしれませんが、筆者にとってEvernoteより使いやすい点が多くあるため、Evernoteに一本化できていません。

Catchとは

Catchは、Evernoteによく似ているメモアプリです。Evernoteよりはマイナーな存在です。Evernoteと同じようにブラウザからアクセスするウェブサービスもあって、アプリのノートと同期することが可能です。

大きな特徴としては、基本的にローカル、つまりスマホ側にデータがあるという点が挙げられます。このためにアプリが軽快にサクサク動いてくれます。この点は無料アカウントで使用するEvernoteより優れている点です。

筆者は、しばしば参照するような情報はEvernoteよりCatchにメモしておくことの方が多くなっています。これがメモアプリをEvernoteに一本化できない大きな理由です。

ノートには本文中に「#〇〇」という形式でハッシュタグを付けることができます。一度入力したハッシュタグは次回から入力画面の下に表示されるので、そこから選択することができます。また、スターを付けることもできます。

◉AndroidのCatchの画面

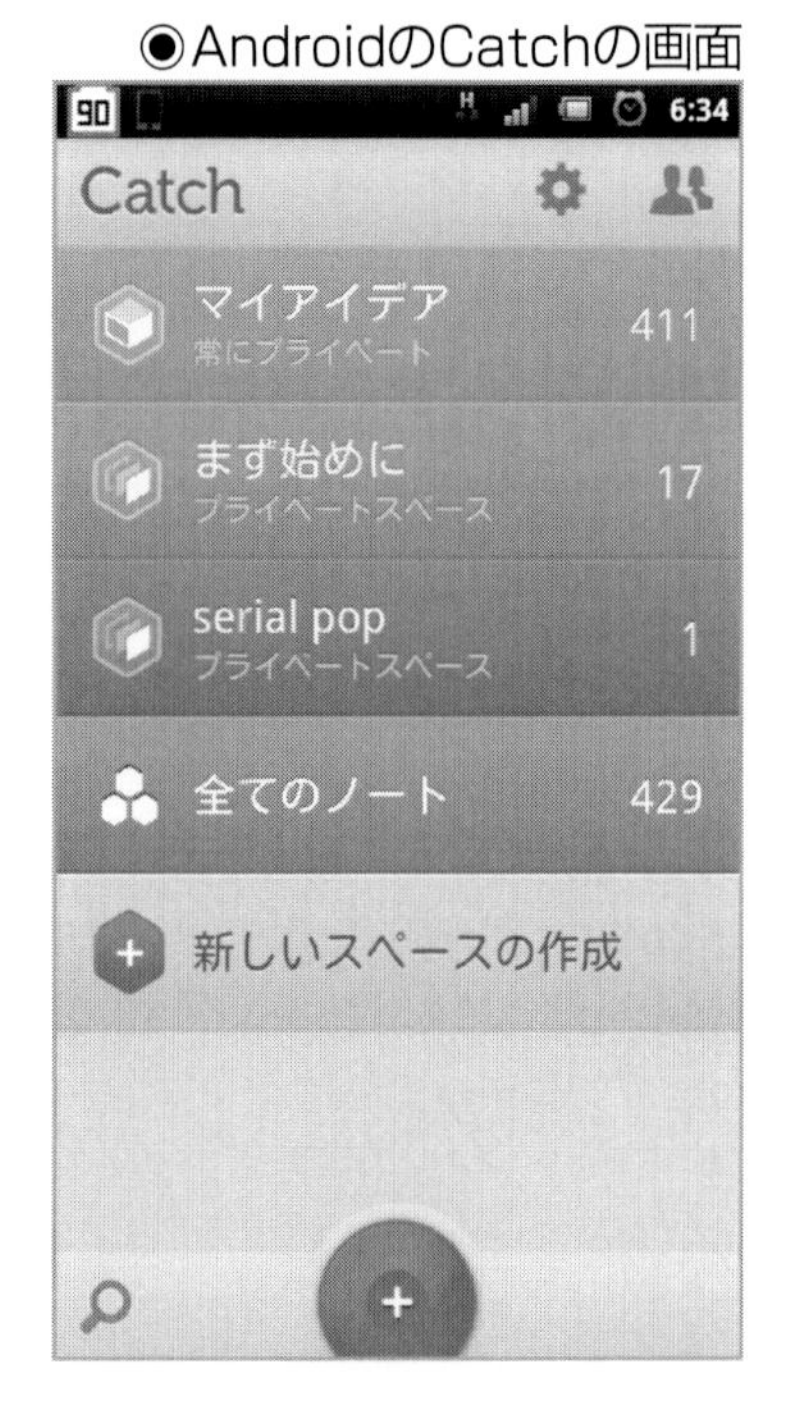

Androidアプリ情報

Catch

- ジャンル ･･･ 仕事効率化（メモ管理／情報管理）
- 提供元 ･･･ Catch.com
- 価 格 ･･･ 無料

Catchでプロジェクト管理する

ではこのCatchでプロジェクト管理するとどうでしょうか。

先に説明した動作の軽さから、スマホ中心でプロジェクトを管理したい場合に有効だと思います。筆者は自然と次のような使い分けをしているようです。

- Evernoteはパソコン中心
- Catchはスマホ中心

Catchでは、1つのノートを1つのプロジェクトとして管理する方法がよいでしょう。複数のタスクから構成されるプロジェクトに関する情報をすべて1つのノートに入力します。

CatchでもEvernoteと同様にノートの表示順を変更日に設定できます。

◉Catchのショートカットを置く

プロジェクトに関わるタスクについては、□や■を使って管理します。□が未完了タスクで、■が完了したタスクです。□や■については、「する」で「□」、「すみ」で「■」が変換されるように単語登録しておくのがコツです。筆者は、アプリにチェックボックス機能がない場合はこの方法をよく使います。

◉疑似チェックボックスを使う

チェックボックスが使えないアプリでは、□を「する」、■を「済み」とすると便利

実際にタスクを実行する際には、すでに説明したようにGoogleカレンダーやToDoアプリでタスク管理します。よって次のようなフローになります。

- Catchでプロジェクトをレビューしてタスクを洗い出す
- タスクを実行する日時を決めてGoogleカレンダーに入力する
- ToDoアプリに入力して「次にとるべき行動」として管理する

Catchではあくまでプロジェクト管理が目的です。レビューによってタスクを洗い出して、その実行はカレンダーかToDoアプリに任せた方がいいでしょう。繰り返しになりますが、タスクを入力する場合はできる限り実行する時間を決めてカレンダーに入力した方が実行力は高まります。

スターでプロジェクトの完了を管理する

Catchにおいては、実行中のプロジェクトにはスターを付けておくのがおすすめです。そうしておくと、スター付きのノートのみを表示することで未完了のプロジェクトが一覧できます。プロジェクトが完了したらスターを外しておきます。

たとえば「年賀状」のような毎年決まった時期のプロジェクトについては、普段はスターを外しておけばいいでしょう。そして、10月あたりの日付でノートにリマインダーをセットしておきます。そうすれば、時期が来れば通知されることで「年賀状」というプロジェクトを思い出すことができます。その時点でスターを付けて実行中プロジェクトにすればいいでしょう。

Gmailもそうですが、スター機能があるアプリやサービスは便利です。スターをワンタップで付けたり外したりすることでシンプルに区別できます。

プロジェクトのショートカットをホーム画面に置く

Catchは、ホーム画面に「Catch #タグ」というショートカットを作成することができます。スマホのホーム画面を長タップするとショートカット作成から「ショートカットを選択」することができます。そこで「Catch #タグ」を選択します。次に「タグを選択」するウィンドウが表示されるので、使っているタグから選択します。するとそのタグのショートカットがホーム画面に設置できます。

プロジェクトのノートにはあらじめ「#project」というハッシュタグを付けておきます（115ページの図参照）。そのショートカットをホーム画面に置いておくと、ワンタップですぐにプロジェクト一覧を確認することができます。その一覧画面からスターをタップすれば、実行中のプロジェクトに絞って表示することもできます。

こうしておくことで、スキマ時間でスマホからプロジェクトをレビューすることが可能です（セクション10参照）。まさに「いつでもどこでも」仕事ができるのではないでしょうか。

Evernote とCatchとの使い分け

EvernoteとCatchを比べてみます。ウェブページで見つけたプロジェクトに関する「資料」はEvernoteに任せた方が管理しやすそうです。

そこで、プロジェクトについてのメモはCatchで管理してスマホで「いつでもどこでも」レビューできるようにします。そして、プロジェクトに関する資料はEvernoteに置いてパソコンでがりがり作業する。そういう使い分けの方法です。

プロジェクト管理でも複数のアプリを使い分けるという方法をおすすめします。

- プロジェクトに関するメモ ➡ Catch
- プロジェクトに関する資料 ➡ Evernote

SECTION 17

コンテキストでToDoアプリを使い分ける

コンテキストごとにアプリを使い分けるメリット

55ページでは、「タスクを実行可能なレベルで最小にする」ということを推奨しました。タスクの実行力を高めるにはタスクをできる限り小さくした方がいいからです。しかし、そのことで「次にとるべき行動」の数が多くなっていることでしょう。小さくしたタスクをすべてGoogleカレンダーに入力していては、見づらくなってしまいます。ここはToDoアプリを使ってタスク管理した方がいいのではないでしょうか。加えて、コンテキストごとにToDoアプリを使い分けることをおすすめします。

ToDoリストはコンテキストに依存する

ToDoリストは使う場面、状況、文脈というコンテキストに依存するところがあります。筆者の場合、次のように複数のリストを使い分けています。

- MIT ⬇ Googleカレンダー
- 仕事 ⬇ Outlook
- インターネットに接続されたパソコン ⬇ check＊pad
- 今日のタスク ⬇ Do it(Tomorrow)
- プロジェクト ⬇ Evernote、Catch
- お店での買い物 ⬇ Due Today Liteの「買い物」リスト
- 本屋 ⬇ Libraroid(セクション18参照)のMyBookList

これだけのToDoリストを併用しても混乱はありませんし、ストレスもありません。それはコンテキストごとに使うリストがはっきり分かれていて、コンテキストによってどのリストを参照すればいいかが明確なので迷うことがないのです。

加えてたとえば出張などのイベントがあるとEvernoteをToDoリストとして使ったりします(112ページ参照)。思い付いた状況によってはスマホではなく、「薄いメモ帳」に手書きでタスクを書いたりします。こうなるとToDoリストの数はどんどん増えていきます。

どのツールを選択するか迷ったときは、その時の気分で一番使いたいツールを使います。迷うのは時間とエネルギーの浪費です。「どこかのToDoリストに入っていればいい」くらいの気楽さでいいのです。問題が起こるようであれば、その時にToDoリストを減らすことを検討すればいいのです。

また、複数のツールを使っているうちに自然と収斂されたり、使い分けに悩むことも無くなります。少なくとも筆者はそういった現状でストレスもなく複数のツールを使いこなしています。

Due Todayliteでコンテキストごとにタスクを管理する

コンテキストごとにタスクを管理するには、「Due Today Lite」というToDoアプリがおすすめです。動作がサクサクと軽くて使いやすい無料アプリです。広告表示無しでウィジェットが利用できる有料版もあります。アプリ自体、GTDを意識して作られているようです。ウェブサービスのToodledoとも同期可能です。

コンテキストはそのまま「Contexts」を設定できます。たとえば、「仕事」「自宅」「買い物」などを個々のタスクに付けておきます。買い物のときに「買い物」リストを参照すれば買い忘れを防ぐことができます。

たとえば自宅にいるときに職場でしかできないタスクが目に入っても実行できず、気になるだけです。そのようなタスクは見えない方がいいでしょう。コンテキストでタスクを絞り込むことで余計なタスクを見えなくできる効果があります。

Due Today Liteはプロジェクト管理もできます。日付を参照することで今日のタスクのみを表示することもできます。リマインダーも設定できれば、タスクにメモを付けることもできます。このようにToDoアプリに必要な機能は一通り揃っていながら、動作の軽快さを維持しています。このアプリのみでGTDを実践

●Due Today Liteの画面

Androidアプリ情報
Due Today Lite/Due Today

- ジャンル … 仕事効率化（タスク管理）
- 提供元 … Lakeridge Software
- 価 格 … 無料/245円

することが可能だと思います。

まずは無料版のDue Today Liteを使ってみて、自分に合っていると思えば有料版を購入するといいでしょう。有料といっても、200円そこそこの金額です（2012年3月現在）。

もしToDoアプリをどれか1つに絞るとしたら、このアプリを選びます。

GTasksでGoogle Tasksと同期

次に紹介するのは「GTasks」というアプリです。GTasksの最大の特徴は、Google Tasksと同期することでしょう。次のような人におすすめです。

- Googleのサービスにできる限りまとめたい
- パソコンからでもタスク入力したい

以前使ってみて、使いにくさを感じてアンインストールしたのですが、最近、ふと再インストールしてみました。するとＵＩがよい感じに変わっていました。また、アプリをSDカードに移動することもできて本体メモリが小さい端末にはありがたい仕様になっています。

GTasksはGoogle Tasksに対応して、複数のリストを扱うことができるので、たとえばGTDのリストをそれぞれ管理することができます。「次にとるべき行動」「プロジェクト」「いつかやる／多分やる」「連絡待ち」などをそれぞれリストにします。各リストはフリックで小気味よく切り替えることができます。こういった操作感はいつも使うアプリの重要な要素です。

ウィジェットも使えます。表示するリストを選択できるので「次にとるべ

◉GTasksの画面

Androidアプリ情報

GTasks:To Do List | Task List

- ジャンル … 仕事効率化（タスク管理）
- 提供元 … Dato
- 価 格 … 無料

き行動」や「プロジェクト」という常に意識したいリストを表示させるといいでしょう。セクション09で説明したMITやゴールの「見える化」にも使えます。

ColorNoteでタスクを細かく管理する

85ページで紹介したColorNoteというアプリはToDoアプリとしても使えます。特徴としては、GREP（セクション23参照）風の串刺し検索機能があります。完了したタスクなども検索できます。

複数のノートを作成して、その中にタスクを作っていきます。GTDのリストごとにノートを作るといいでしょう。

たとえば本書の執筆はGTDでの「プロジェクト」です。それを進めるにあたってはたくさんの「次にとるべき行動」があります。「タスクは時間を決めてカレンダーに入力する」という原則（53ページ参照）に従ってそれらをすべてGoogleカレンダーに入れるにはタスクの数が多すぎます。そういうときは、ColorNoteで「Android仕事術」というノートを作ります。そしてその中にどんどん思い付いたタスクを入力します。タスクは「実行可能なレベルで最小」にします。タスクの並べ替えは後からいくらでもできます。カレンダーには、プロジェクトを進める時間を決めて「ColorNoteの『Android仕事術』を参照する」と入力します。また、「朝のコンビに買い物」リストなどもColorNoteで作っておくといいでしょう。

通勤途中にコンビニに寄って買い物をするビジネスパーソンは多いでしょう。つい必要な物以外にも買ってしまったりします。そこでColorNoteに「朝のコンビニ」というノートを作り、その中に必要な物のリストを作っておきます。朝コンビニに立ち寄る時間はほとんど決まった時間でしょうから、その時間にリマインダーをセットしておきます。そうするとコンビニに立ち寄った時間にリマインダーでリストをチェックして、そのリストを参照しながら迷わず買い物ができます。余計な買い物を防ぐ効果があると思います。

◉「朝のコンビニ」買い物リスト

22:03
朝のコンビニ
3月15日 2012/03/26 7:50
うまい棒
ガツン
すぅーっと茶
スニッカーズ

「Libraroid」で読書を管理する

読書はビジネスパーソンにとっての「頭の筋トレ」

最近の情報収集は、インターネットが中心になっています。それでも読書の役割が終わったとは言えないようです。読書はビジネスパーソンにとっての筋トレみたいなものではないでしょうか。これを怠ると頭の「筋力」が低下する気がします。スマホには読書を手助けしてくれるアプリがいろいろあります。ここでは、ビジネスパーソンにとって重要なタスクの1つとして読書をとらえ、その管理をするためのアプリを紹介します。

図書館を活用する

本は買って読むべし。という意見をよく目にします。「身銭を切って買った本でないと本当に身に付かない」という考え方などがあるようです。そのような意見は参考に傾聴しつつ、筆者は図書館を利用しています。理由は3つです。

- 本を買う資金が少ない（家族持ち）
- 本を置く場所がない（借家住まい）
- ほとんどの本が一度しか読まない

この理由に該当しない本、たとえば図書館にない本や二度目に読む本は購入しています。

最近はどの図書館も予約サービスがあったりして、本が準備されるとメールでお知らせしてくれたりします。そうすると借りに行かざるを得ないでしょう。また返却で行ったときに次の本を借りれば読書のサイクルが途切れずに続きます。そういう読書の仕組みに図書館は使えます。

Libraroidで図書館を利用した読書を管理する

図書館を利用するにあたってAndroidには便利なアプリがあります。「Libraroid

―図書館予約―」(以下「Libraroid」と表記)というアプリです。Libraroidは、日本各地の図書館に蔵書があるかどうかを調べて予約できるアプリです。検索機能も強力ながら、行きつけの図書館IDなどを登録しておけば2タップで予約までできる便利なアプリです。それだけではなく読書管理アプリとしても利用することができます。

次のような使い方が基本です。

❶気になる本がある
❷Libraroidで検索
❸あらかじめ登録した図書館に蔵書があれば予約

◉Libraroidの画面

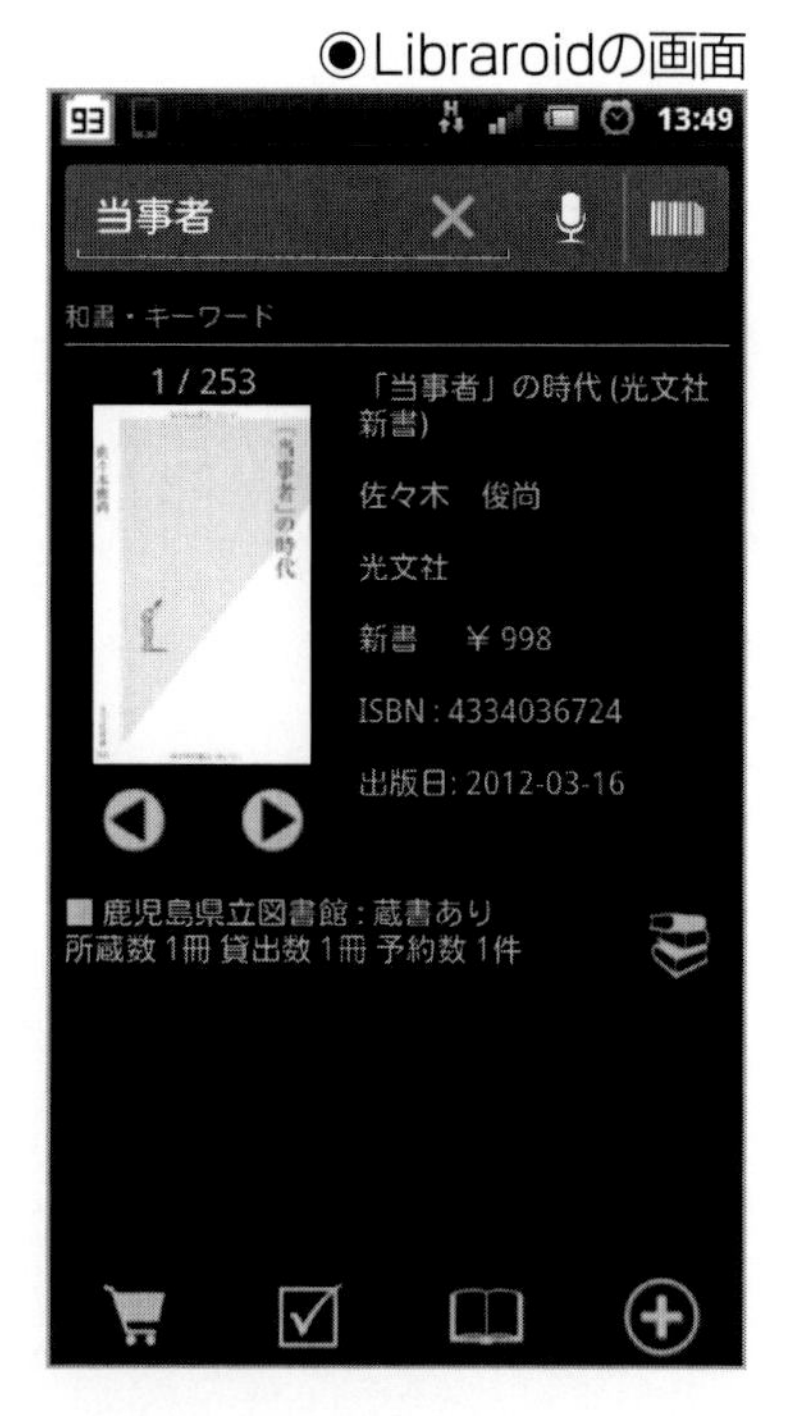

Androidアプリ情報

Libraroid ― 図書館予約 ―

- ジャンル … ライフスタイル(読書管理)
- 提供元 … yanzm
- 価 格 … 無料

図書館については、行きつけの図書館をアプリ設定画面からあらかじめ登録しておきます。図書館は、アプリ側で全国の主な図書館が設定してあるため、地図から選択するだけです。図書館を選んだら、カード番号、パスワード、連絡方法、受け取り希望館、受け取り希望ポイントなどを設定しておきます。

図書館は2カ所まで設定できるので、設定しておけば横断して検索してくれます。それぞれ検索するので若干時間がかかるようです。

MyBookListを活用する

筆者の通う図書館の場合、蔵書があっても誰も借りていなければ予約することはできません。そうした場合には、MyBookListという機能があるのでそこへ登録しておき、実際に図書館に足を運んで探します。

では、図書館に蔵書がない場合はどうしたらいいでしょうか。

- 図書館に蔵書がなければ、やはりMyBookListに登録
- 本屋に行ったときにLibraroidを起動してMyBookListを見ながら本を購入

書籍を検索して予約するには

1 キーワードの入力

❶キーワードを入力する。
❷予約のボタンをタップする。

2 図書館情報の確認

❸[予約]ボタンをタップする。

3 予約の完了

❹予約が完了したので[OK]ボタンをタップする。

●図書館に予約したり購入した本はMyBookListから削除

もちろん、Amazonに注文してもいいでしょう。本の検索画面から左下のカートボタンを押すとAmazonのページにジャンプできます。この辺の連携が便利です。スマホを使う醍醐味だと感じます。

読書記録（ログ）をどうするか

読書に関しては、読書記録を付けている人も多いでしょう。あるいは、ここが面倒でなかなか本が読めないという人もいそうです。

ちなみに筆者は、読書記録を最近はほとんど付けていません。ときどきメモをまとめてブログにアップするか、「はてなモノリス」というウェブサービスを利用して記録を残しているだけです。これは後ほどCHAPTER-4で述べますが、情報に対する考え方によっています。簡単に言えば、読書はストックではなく、フローだという考え方です。読書記録に重点を置いていないのです。

一応、読んだ記録としてははてなモノリスを利用しています。はてなモノリスには

Androidアプリがあります。このアプリを起動して本のバーコードをスキャンすることで簡単にその本に対する投稿ができます。本だけに特化したアプリではなく、バーコードが付いている商品であれば何でも対象になります。バーコードで登録できるという手軽さから利用しています。

もし読書記録をしたい方は、アプリがAndroidにもいろいろとあるので、探してみてはどうでしょうか。

◉はてなモノリスの画面

- ジャンル ･･･ ソーシャルネットワーク
- 提供元 ･･･ Hatena Inc.
- 価 格 ･･･ 無料

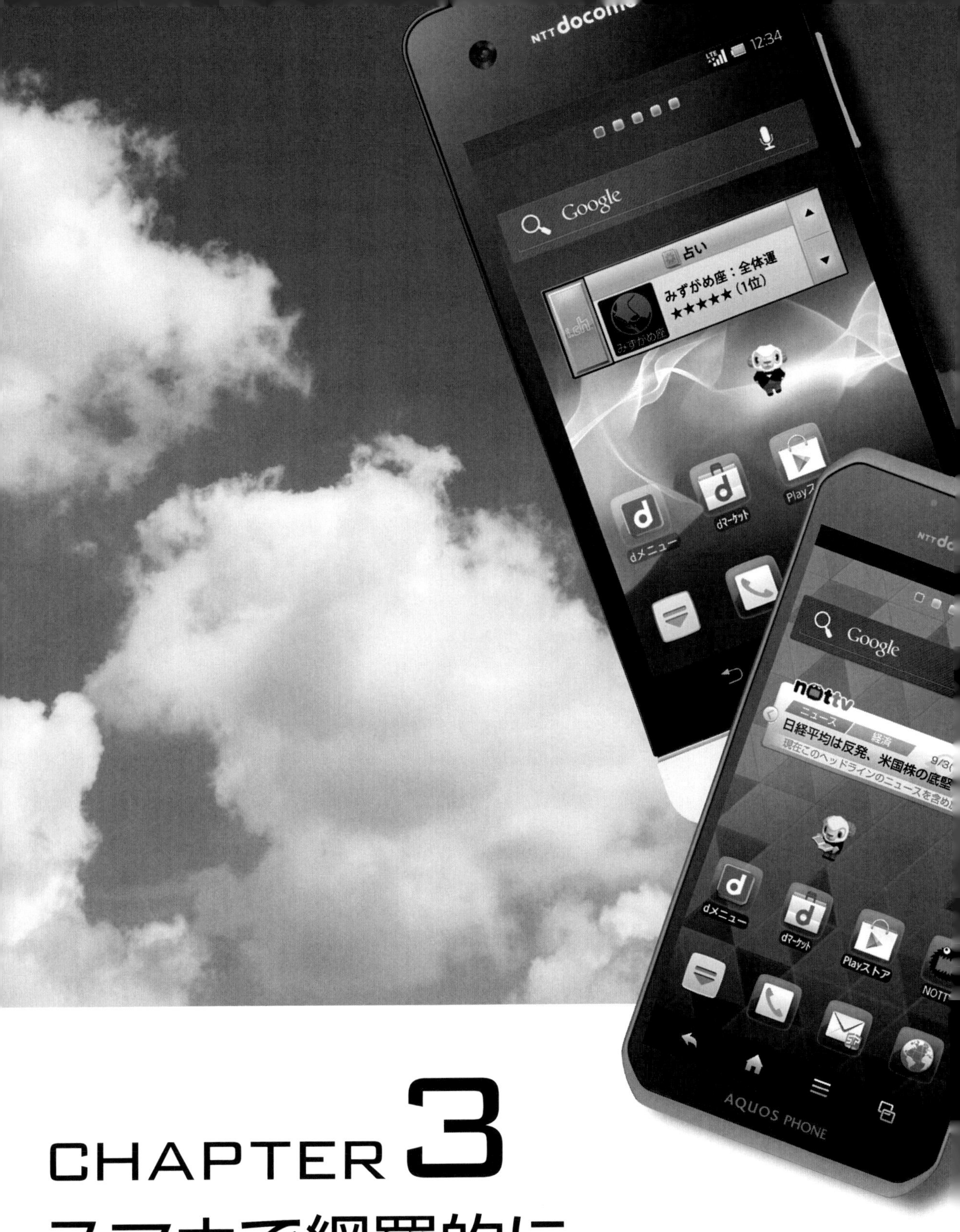

CHAPTER 3

スマホで網羅的に「メモ」を取る／残す

「スマホでメモライフ」を実践する

メモを取ることにスマホを活用する

CHAPTER-2では、スマホを活用したタスク管理について説明しました。しかし、私たちが思い付くのは行動可能なタスクばかりではありません。アイデアとかちょっとした文章とか、直接行動には結びつかないものも数多くあります。思い付いたアイデアをそのままにしていると、忘れてしまいます。それらは、仕事に役立つアイデアやプライベートを充実させることができるアイデアになるかも知れません。そこで思い付いたことをメモすることが重要になってきます。

CHAPTER-3では、スマホを活用したメモライフについて説明します。まず、「メモライフ」とは「『いつでもどこでも』メモする生活」をさします。重要なのは、「いつでもどこでも」です。これにはスマホが最適です。

何のためにメモをするのか

　私たちは何のためにメモをするのでしょうか。それは後で必要となる情報を忘れないようにするためでしょう。

　メモの中には後で一度しか必要とせず、使えば不要となるものがあります。たとえば買い物メモです。買い物のためのメモは、買い物が終われば不要になります。こういったメモは、アナログツールであればロディアのようなメモ帳に記入するとよさそうです。終われば切り取って捨ててしまえばいいでしょう。あるいは、アプリであればTodoアプリを

◉メモ帳での買い物メモ

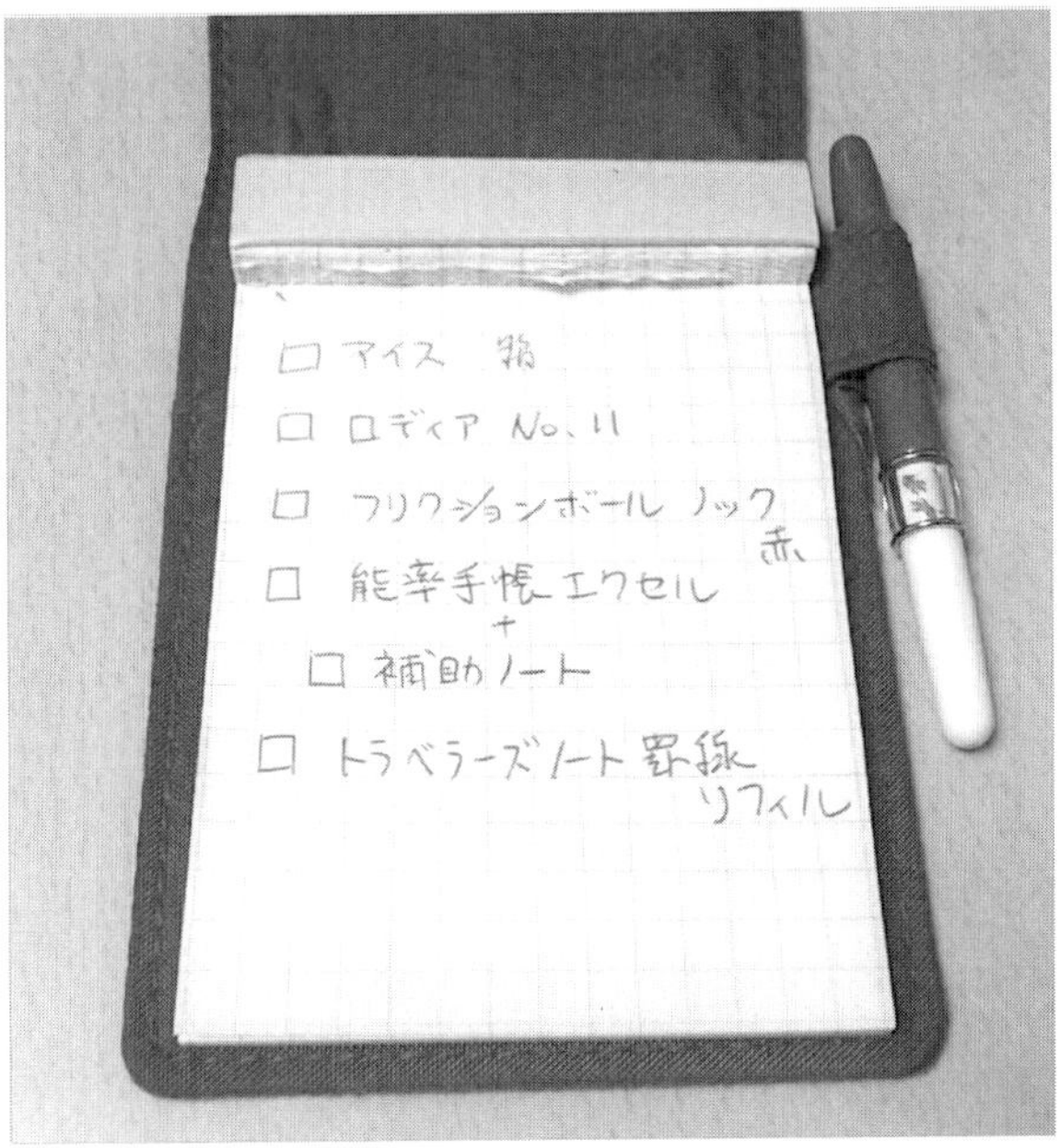

◉スマホでのメモ

利用して、終わればチェックを入れて消してしまえばいいでしょう。

一方、後から繰り返して活用したり、アイデアとしてそこから発展させるためにメモをすることがあります。こちらは、メモした情報を反復したり、展開したりすることで自分の頭に情報をインストールすることができます。そうすることではじめて自分が自在に使える情報、知識となるような気がします。これは試験勉強と同じかもしれません。ビジネスパーソンは、試験を受けることは少ないかもしれませんが、仕事で成果を出すには自分を日々更新してい

◉思考のまとめとしてのメモ

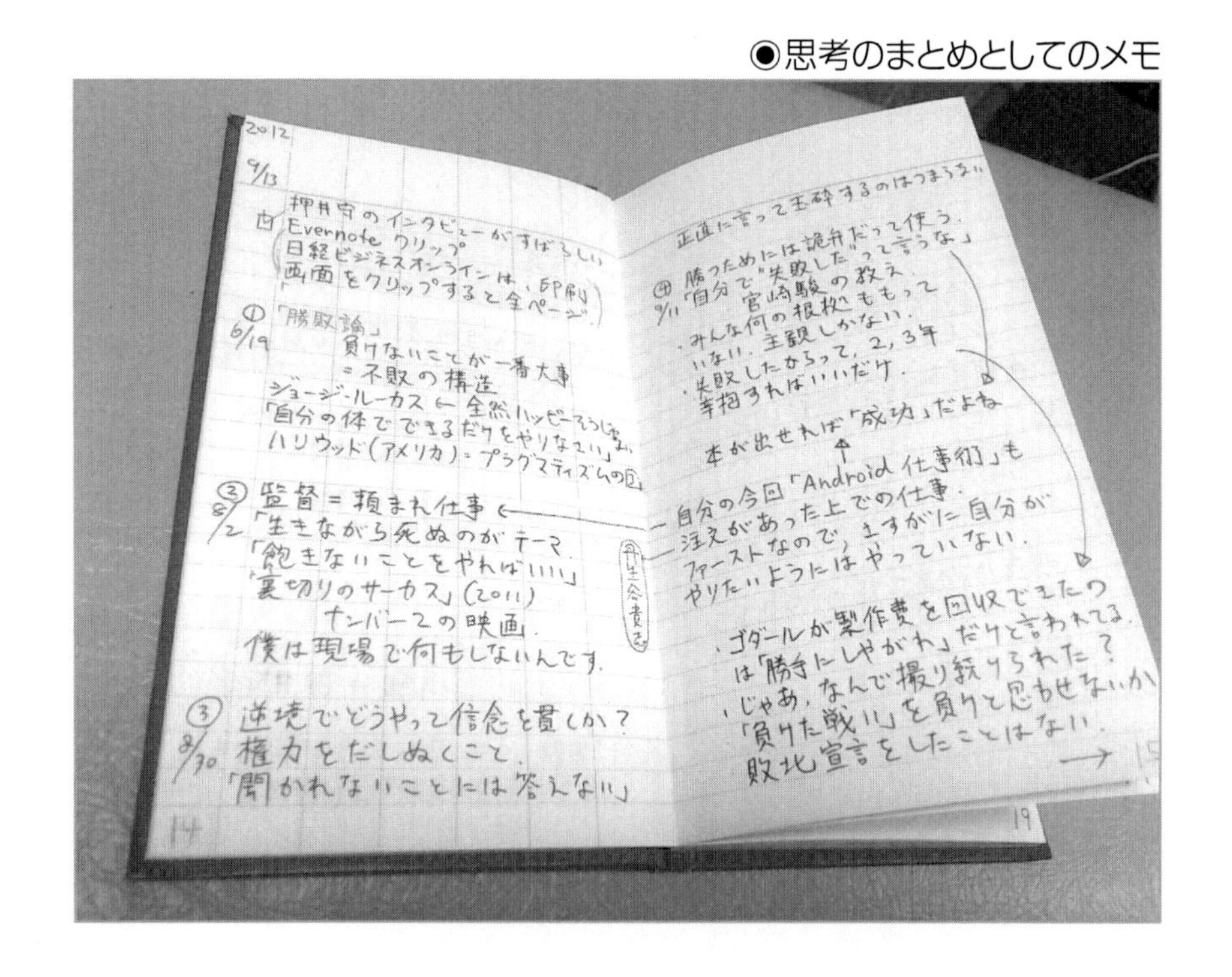

く作業が必要だと思っています。

そのためにもメモする習慣というのは有用なものでしょう。

メモすれば忘れることができる

先ほど、忘れないためにメモをすると書きました。

では、メモの効用とはどんなものがあるでしょうか？

効用として、まず思い付くのは、メモすれば忘れることができるということです。

「忘れないためにメモをして、メモしてしまえば忘れることができる」、そういった効用がメモにはあるようです。

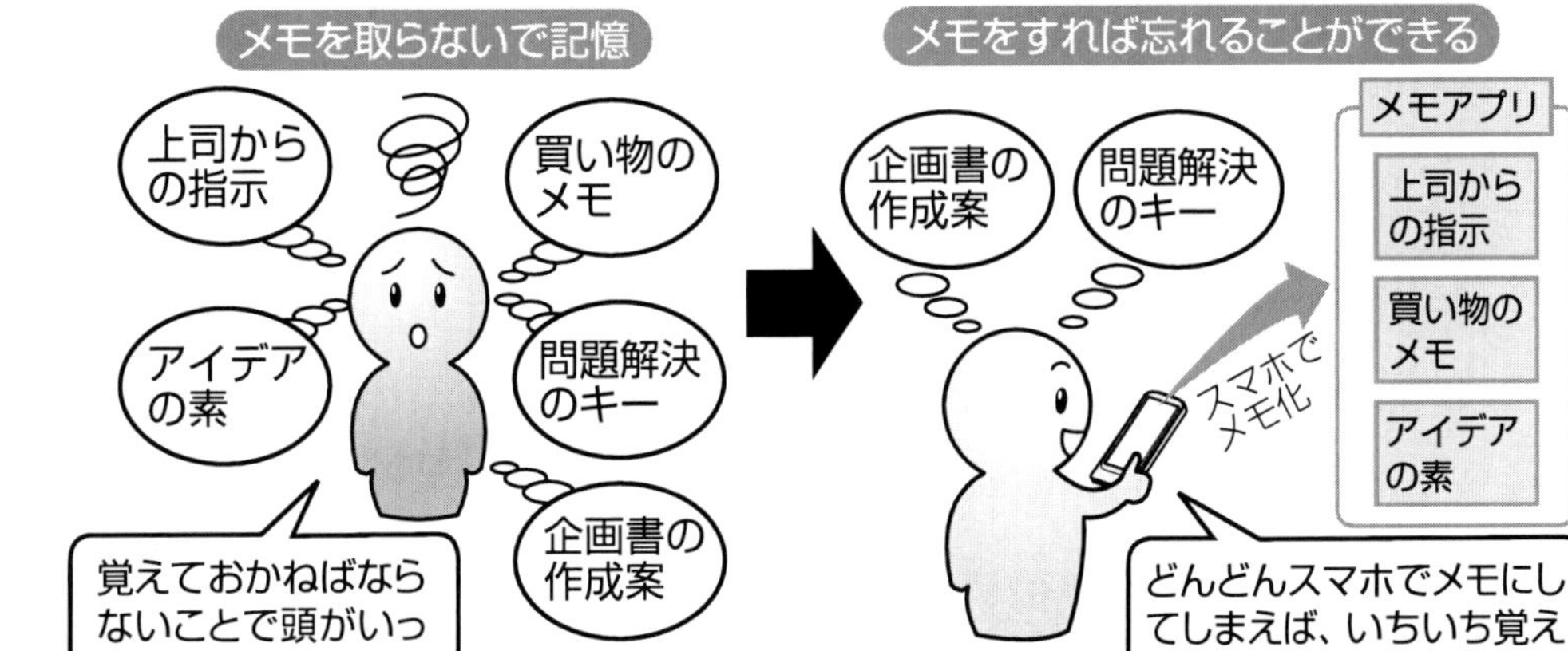

「メモしたから忘れても大丈夫」と思えることは、大きなメリットです。これだけでもメモする価値があります。少なくとも「覚えておかないといけない」状態よりも気楽です。

実際に私たちはそんなに忘れることはありません。意外と多くのことを覚えておくことができます。でも、「メモしたから忘れても大丈夫」という心の余裕が、頭の中のメモリの余裕も生み出すような感覚はあります。その頭の余裕が新しいアイデアの源になったりするのではないでしょうか。

GTDのエッセンス（セクション07参照）のように、頭の中の気になることをすべて頭の外に出してしまえば、その空いたスペースにアイデアがどんどん飛び込んでくるイメージです。

スマホで「いつでもどこでも」メモできる

メモするためのツールとして何を使うかが重要になります。もちろん本書ではスマホをメモのためのツールとして推奨します。理由はスマホだと、「いつでもどこでも」簡単にメモすることができるからです。スマホが「いつでもどこでも」メモできるツールになりうるのは、次のような理由があるためです。

- 常に携帯している
- さまざまなメモアプリが利用できる
- 複数のメモアプリを1台で使える
- 片手でメモできる

スマホはそもそも携帯電話です。携帯電話は誰もが常に手元に置いていることでしょう。トイレにも持って行く人も多いことでしょう。このスマホを使えば「いつでもどこでも」メモすることができます。

スマホには、メモするためのアプリ

Androidスマホで使えるる代表的なメモアプリ

Catch

Evernote

が多数存在します。これから紹介するメモアプリを利用すればメモすることが容易になります。また、端末には複数のアプリをインストールでき、用途に応じた多数のメモアプリを1台で使うこともできます。

スマホであれば片手でメモすることが可能です。たとえば、通勤電車の中で思い付いたことを立ったままで片手で素早くメモに取れます。ペンと紙だと両手を必要とするので、なかなか車内で立ったままメモを取るのは難しいはずです。

これから具体的にメモアプリを紹介しながら、スマホでメモをすることについて書いていきます。

メモを取るのを楽しくする「メモタノ！」という方法

「メモタノ！」メモすることは楽しい

具体的にスマホのメモアプリを取り上げて説明する前に、メモの方法、ポイントを押さえておきましょう。CHAPTER-1では、「メモタノ！」という言葉を紹介しました。「メモをすることは楽しい」という筆者の主張です。

メモタノは次のようなフローを目指します。

❶メモを楽しむ
❷楽しいからメモの習慣が続く
❸たくさんメモが溜まる
❹溜まったメモから何かが生まれる

筆者はブログやTwitterもメモの一種だと考えています。これらは、楽しいから続いています。

また、大学浪人時代に身につけた「日記」を書く習慣もメモライフに大いに役立っています。その日の出来事だけではなく、思い付いたこと、感情などを細かくメモすることを身につけて習慣化していたからこそ、デジタルツールでのメモの習慣もすぐに導入できたと思います。

メモすることが目的であって、手段ではない

メモタノという考え方は、メモすること自体を目的とします。メモすることは、何かを達成するための手段ではありません。メモすることを目的として楽しむことが、結果として何かを生み出すことにつながります。

楽しいからメモをする。そうするとブログが書けます。ブログの読者が次第に増えます。ウェブで連載の話が舞い込んできます。やがて、単行本執筆の話も来ます（筆者は今ここにいます）。これは、メモの目的ではありません。あくまでメモタノの副産物なのです。

たとえばアップルのスティーブ・ジョブズは自分が使いたいものを作ったのではないでしょうか。売れることを目的としていなかったと思います（筆者の勝手な想像です）。iPodやiPhoneなどは結果として売れたということでしょう。

要するに目的が違うのです。何かに役立てようとメモするわけではありません。楽しいから自然とメモをするわけです。結果的にそのメモが活きて何かの役に立つことがありますが、それは副産物のようなものです。そのようなスタイル、メモライフを身につけたら強力ではないでしょうか。

メモのポイント

メモのポイントとしては、2点ほど挙げておきます。

- **すぐにメモすること**
- **メモを読み返すこと**

この2点を徹底することで、メモライフは充実して結果、何かを生み出すことができると思います。

すぐにメモすること

思い付いたら、すぐにメモすることです。思い付いたら、思い付いたことに対する判断は後回しにしてとにかくまずはメモしておきましょう。手元にはスマホがあるはずです。たまたま無ければ、メモ帳などのアナログツールでも構いません。重要なのは思い付きを確実に捕まえることです。アイデアはすぐに捕まえないと蝶のように飛び去ってしまいます。

後からのメモの活用を考えると、できればスマホのアプリでメモをした方がいいでしょう。もし、スマホが手元に無かったり、起動が面倒であればアナログツールでも構いません。ただし、アナログツールにメモした場合には、確実に後でデジタルツールに転記することを心がける必要があります。

思い付いてメモした事柄がタスクである場合には、チェックボックスを付けてアイデアなどの思い付きと区別しておきます。

メモを読み返すこと

メモは必ず後で読み返すようにします。「思い付いたらすぐにメモする」という習慣があれば、メモはスマホかアナログツールなどに確実に形として残っているはずです。それらを定期的に読み返して、ふさわしいツールへ転記します。タスクであればToDoアプリへ（CHAPTER-2参照）、アイデアなどであればメモアプリへということになります。

読み返す作業は、GTDのレビューと合わせて実践してもいいでしょう。そのため、フローとしてはGTDに似たものになります。

- 思い付きはすぐにinboxにメモする
- 定期的にメモをレビューする
- メモにあったツール（アプリ）へ転記して活用する
- メモはときどき読み返す

古いメモも時々読み返すと新しい発見があります。過去の自分は他人のようなものですから、思いがけないアイデアを提供してくれたりします。また、繰り返し読み返すことで情報が頭に定着します。本当に使える情報にするためには繰り返し読み返して情報を自分の中にインストールして自分の言葉にすることが必要です。そのためにもメモを読み返すことが有効です。

そして、読み返すためには、楽しいアプリを選ぶべきです。ここでも機能より心地よさを優先します。常に使うためには、使って心地よいアプリを選ぶべきなのです。

同様にアナログツールであっても、開きたくなるメモ帳、読み返したくなるノートを選ぶべきです。たとえばモレスキン(198ページ参照)という人気のノートはその辺のブランディングがうまいように感じます。

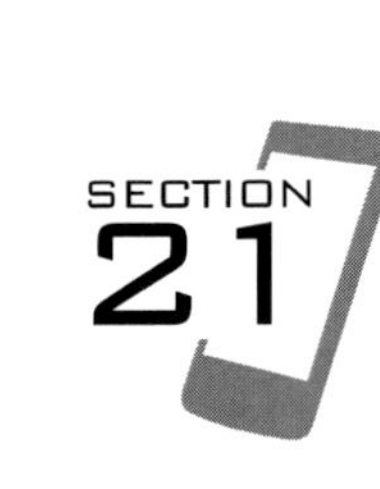

SECTION 21 「Evernote」で情報をスクラップする

情報収集の定番「Evernote」

最初に紹介するメモアプリはEvernoteです。プロジェクト管理ツールとしての使い方はセクション15で紹介しましたが、Evernoteの本領はメモアプリとしての使い方にあります。

Evernoteはすでに多くのユーザーに利用されています。書籍も『EVERNOTE「超」仕事術』（倉下忠憲著、C&R研究所）のような書籍が多数出版されており、極めたい方はそちらを参照してください。

基本的にiPhoneでもAndroidでも、機能には大きく違いがないので、活用方法は広く応用できます。これは広くユーザーを獲得したサービスの強みでもあります。ノウハウも多く蓄積されてきているので、ユーザーはその中から自分にあった活用方法を選択することが可能です。

スクラップブックとしてのEvernote

インターネットを見ていて「これは参考になる！」というページを見つけたら、以前は「あとで読む」というサービスを利用してGmailへ送っていました。ワンクリックで手軽にウェブページの内容を送信できる便利なサービスです。しかし、最近はEvernoteをもっぱら使うようになっています。

理由は、「あとで読む」でGmailに送ったページは編集できませんが、Evernoteであれば、自分のコメントを加えたりタイトルを変更することができることにあります。後から資料として活用することを考えるとEvernoteの方が便利なのです。

◉スクラップブックとしてのEvernote

読んだウェブページに触発されて、そこに自分のアイデア等を加えていく使い方をしています。このほかにも、タグや検索機能で後から情報を探すのも簡単ですし、紙に無駄な印刷をすることもありません。

Evernoteはインターネット時代のスクラップブックです。クラウドに情報があるので、パソコンでもスマホでも同じ情報を活用することができます。

Evernoteに情報をクリップする

Evernoteへ効率的に情報をクリップするにはコツがあります。ここでは2種類の方法を紹介します。

「Evernote Webクリッパー」を活用する

ウェブページをEvernoteにクリップするにはウェブブラウザの拡張機能を使うのが便利です。Google Chrome、SafariあるいはFirefoxなどのウェブブラウザ用に「Evernote Webクリッパー」という拡張機能（エクステンション、アドオン）が用意されています。それをブラウザにインストールすることで簡単にウェブページをEvernoteに取り込むことが可能になります。

Evernoteに取り込んだページは、アプリのEvernoteからでも参照することができます。元のページがなくなってしまってもEvernoteに取り込んだ情報はそのまま残っています。ページのURL情報も一緒にクリップされるため、元のページを確認することも可能です。

PostEverを使って素早くメモする

残念なことにEvernoteのアプリは、起動が速くありません。新規ノートを作るにもちょっとした時間待たされます。そこで「PostEver」のよう

◉Evernote Webクリッパー

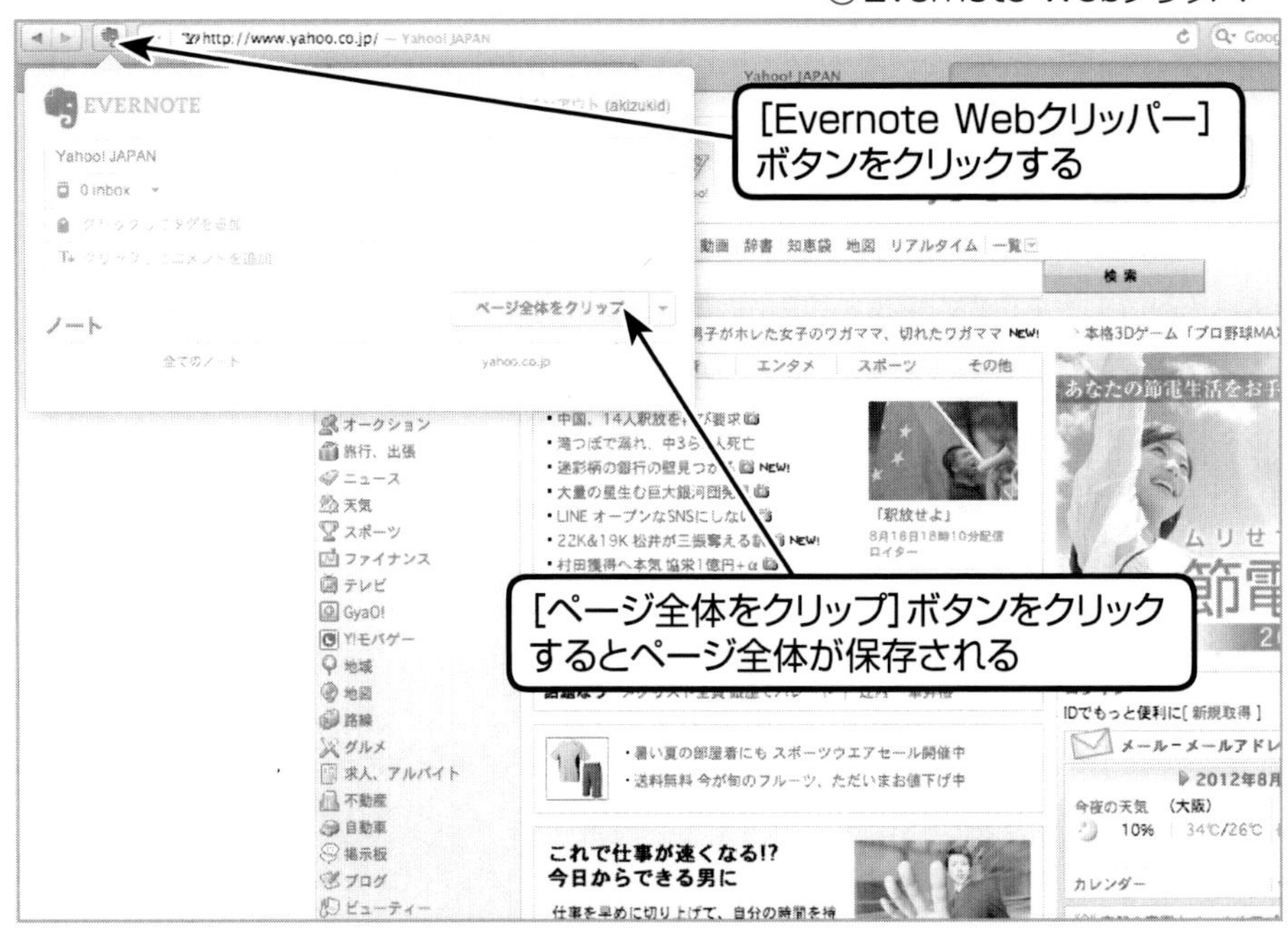

なノート作成専用のアプリを使うのがコツです。

PostEverは、Evernoteに保存したいメモをスマホから素早く送信するアプリです。PostEverを起動すると、タイトルに今日の日付が入った入力画面になります。本文を書いて送信ボタンをクリックすると送信状態になります。

送信はバックグラウンド送信されるので、すぐに次のメモも入力できます。通信ができない状態でも通信回復を待って送ってくれます。すぐにメモしたいときに便利なアプリです。Evernoteを起動してメモするよ

◉PostEverの入力画面

Androidアプリ情報

Postever

- ジャンル … 仕事効率化（メモ管理/情報管理）
- 提供元 … Atech Inc.
- 価 格 … 230円

りアクションが少なくて済みます。

送信されたメモは、Evernoteの「PostEver」ノートブックに日付ごとに1つのノートとしてまとまって整理されます。Evernoteをいわゆるライフログに活用するのにぴったりのアプリです。気付いたことや感情をどんどんPostEverで送っておいて、翌日に前日のノートを読み返すレビューを行うとよいでしょう。

◉PostEverのノート

クリップしたノートの処理フロー

筆者はクリップしたノートの送信先を「0 inbox」というノートブックに設定しています。ノート名に「0」を付けているのは、ノートブック名でソートしたときに上部に表示されるためのコツです。また、「inbox」という考え方は、GTDというタスク管理の手法と同じです（セクション07）。とりあえず「inbox」ノートブックに集めたノートは、少なくとも1日に1回は読み返して処理します。処理するフローは次の通りです。

❶必要があれば複数のノートをマージする

❷タイトルを後から探しやすいものに編集する

❸適当なタグがあればタグを付ける(付けなくてもいい)

❹自分のアイデアや補足などを本文に付け加える

❺他のノートブックへ移動させる

Evernoteにおけるマージとは、複数

◉複数のノートをマージする

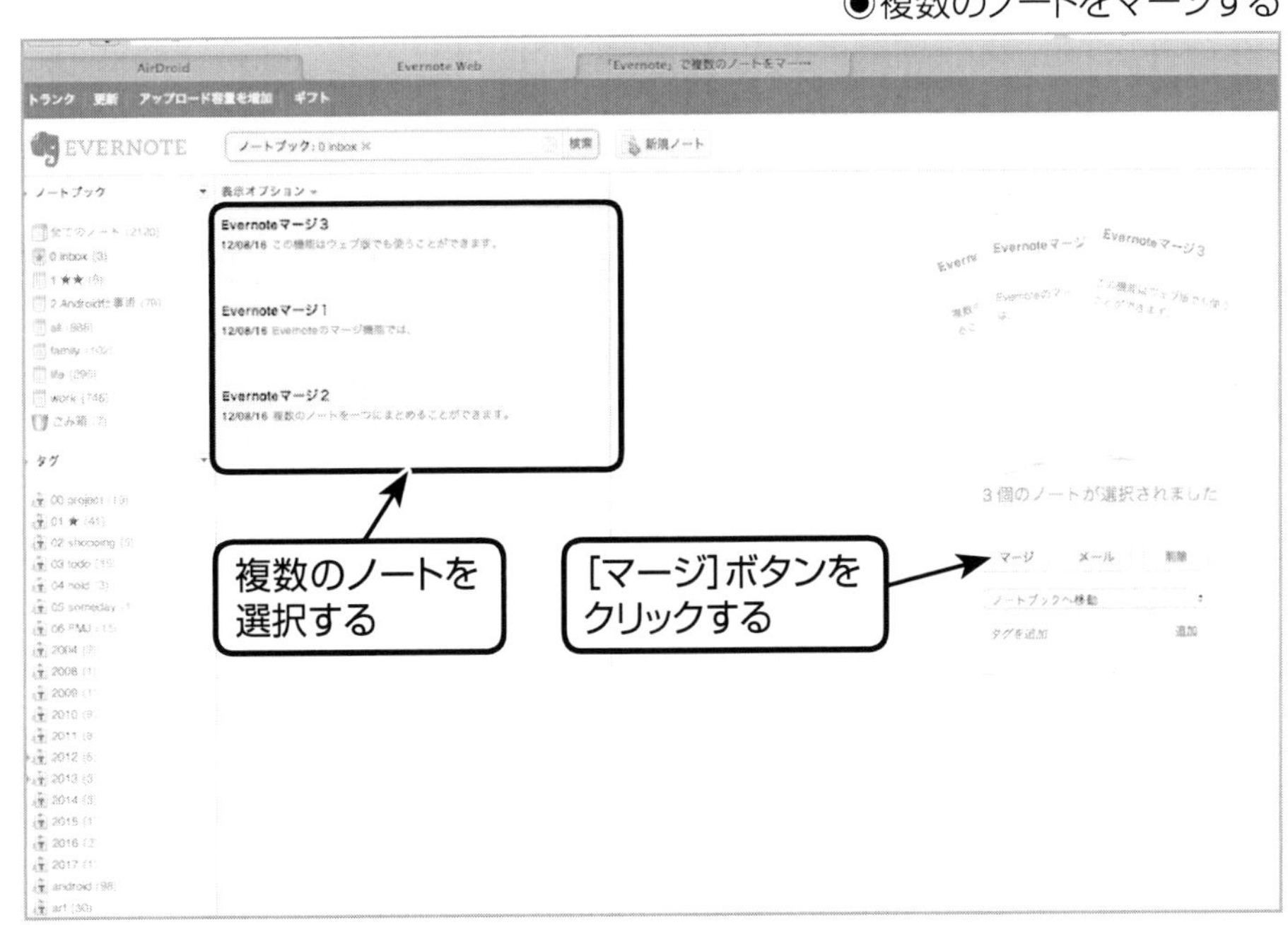

のノートを1つのノートにまとめる機能です。複数ページに分かれているウェブ記事などは、それぞれクリップした後、1つのノートにまとめています。

タイトルは、後からノートの一覧を見たときに内容がわかるようなものにしておいた方がいいという程度です。これもそれほど真面目にやっている作業ではありません。

タグもすぐに思い付けばそのタグを付けています。しかし、後からノートを探すのも検索機能を使うことが多いので、あまり重視していません。

大事なのは、4番目の自分のアイデアなどを本文に付け加えることです。この作業を行うことで情報が脳に自分の言葉でインストールされて使えるものになる気がします。また、検索で見つけやすくなりそうなキーワードを付け加えたりします。

そして、最終的に「0 inbox」から他のノートブックへ移動します。送り先のノートブックも基本は4つしかありません。「family」「life」「work」、そして「all」。パッと前3つのいずれかに送るか決めます。迷うようでしたら「all」へ送ります。このほか、本書の執筆のようなプロジェクトが発生した場合には、一時的な専用ノートブック「2 Android仕事術」を作って、そこに送ります。

Evernoteで「inbox zero」を実践する

「inbox zero」というメール整理術があります。入り口を1カ所の「inbox」にして、定期的に「inbox」の中身を空っぽにする方法です。メールだけではなく、GTDにおいても「inbox zero」の考え方でフローができています。inboxをゼロにすることで、未処理の情報がないことが一目でわかります。

それをEvernoteでも実践しています。野口悠紀雄氏の「ポケット1つ原則」（51ページ参照）も同じような考え方です。

最初に目を付けてEvernoteに送るとき、そして「inbox zero」をするときの最低2回、目を通すことで記憶のひっかかりを作っておくことができます。そうすると後から何かひっかかったときに検索することができます。ひっかかりがないとそもそもEvernoteに情報を貯めても活用されなくなってしまいます。

情報を読み返すためのコツ

Evernoteにためた情報は、ときどき読み返して再活用します。再活用しなければクリップする意味がないと言ってもいいかもしれません。Evernoteを読み返すために筆者がおすすめするコツを2つほど紹介します。

ノートに「★」を付ける

特に気になったノート、また見たいノートには「★」のタグを付けます。これはタグの中で目立つので、ときどき読み返すのに便利です。さらにグッとくれば星を増やして「★★」にタグを変更します。

こうした作業を繰り返し、情報を反復して活用することで自分の頭にインストールしていきます。ここでも頭の中のひっかかりを強化していきます。

◉「★」のタグを付けたノートを表示する

仕事や人生に行き詰まったり、迷ったりしたときは、「★」を付けたノートを見直すとヒントが得られるかもしれません。そして、そのたびにノートに「★」が増えていくことになります。

EverCalendarを使う

「EverCalendar」というアプリがあります。EverCalendarは、カレンダー形式でEvernoteのノートを管理できるアプリです。月間カレンダーや週間カレンダーの表示でノートを表示することができます。検索やタグではなく、日付でノートを探したいときに便利です。

◉EverCalendarの画面

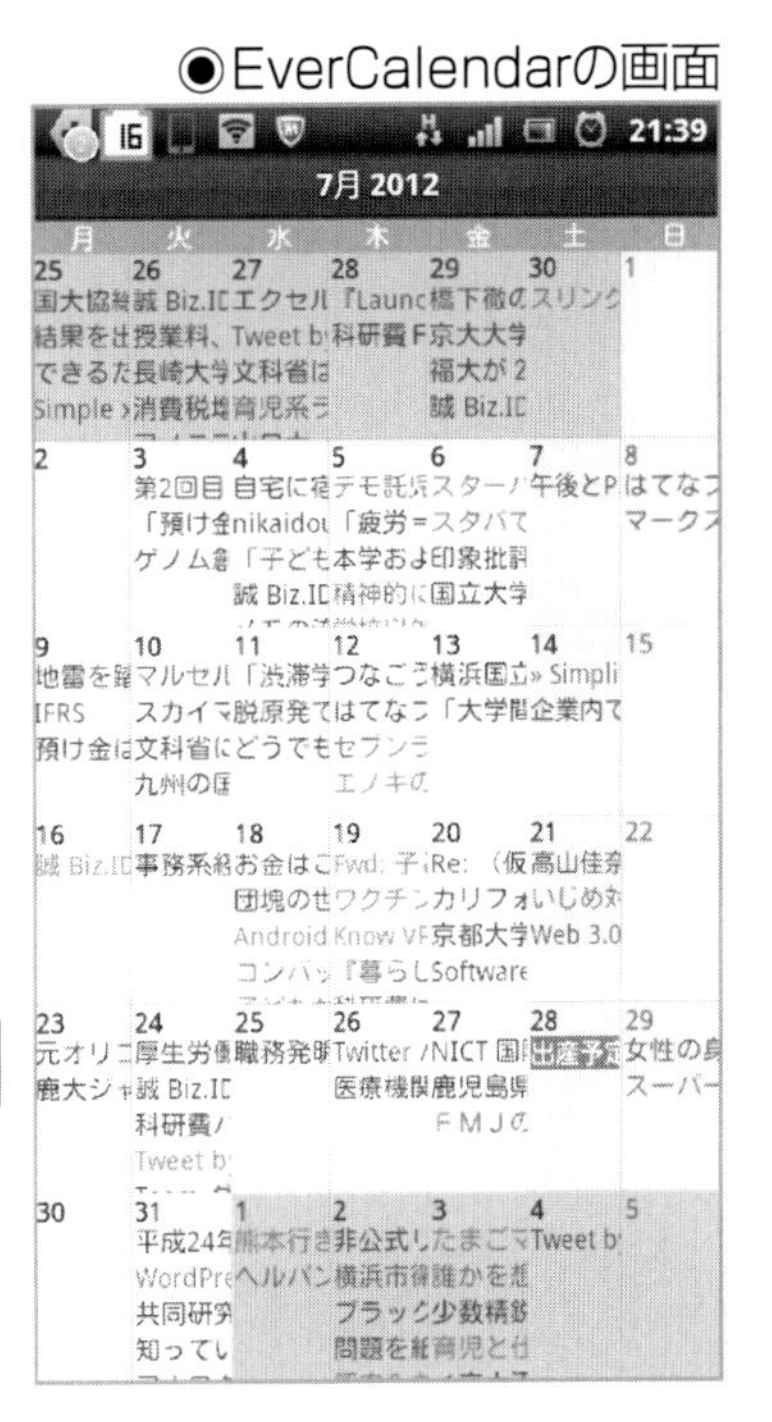

Androidアプリ情報

EverCalendar

- ジャンル ･･･ 仕事効率化（メモ管理／情報管理）
- 提供元 ･･･ MoaiApps
- 価 格 ･･･ 無料

また、作成日や更新日とは別に独自に日付と紐付けする機能があります。特定の日付にノートを紐付けすることができてこれまた便利です。たとえば出張の日に必要な資料は、出張日に紐付けておけばEverCalendarで簡単に見つけることができます。

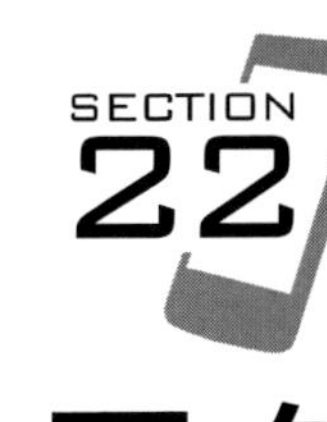

クラウドが使えない環境には「Catch」を使用する

クラウド環境を使わずにメモをため込める「Catch」

筆者はCatchおよびクラウドサービスのCatchはEvernoteのライバルだと見ています。ここではCatchでのメモライフについて考えてみます。

Catchはセクション16でも書いたようにAndroid側のローカルにデータがあります。そのために動作が軽くなっています。いわば「ポップなメモアプリ」です。ストレスが少なく簡単にメモすることができます。また、ローカルにデータがあるということで電波状況にも左右されずに使うことができます。

こういった軽さによってCatchは使うのが心地よいアプリになっています。どんなにEvernoteが便利で本命でも筆者がCatchを使うのは、心地よいからです。動作の軽さから繰り返しよく見て使うメモはCatchに入れた方がいいかもしれません。また、操作が心地よいから読み返したくなります。

そこで、筆者はセクション16でも提示したような、「メモはスマホ中心でCatchを使う」『ウェブページなどをスクラップするのはパソコン中心でEvernoteを使う」というルールで運用しています。

それでは早速、Catchの使い方について具体的に見て行きます。

思い付いたらCatchにすぐメモをする

118ページでは、「プロジェクトのショートカットをホーム画面に置く」という方法を説明しました。同じようにCatchは、「新規ノート」のショートカットをホーム画面に置くことができます。こうすることで思い付いたときにホーム画面の「新規ノート」アイコンをタップしてすぐにメモすることができます。基本的に思い付いたことはすべてCatchにメモしていま

◉「新規ノート」を起動してすぐにメモ画面になる

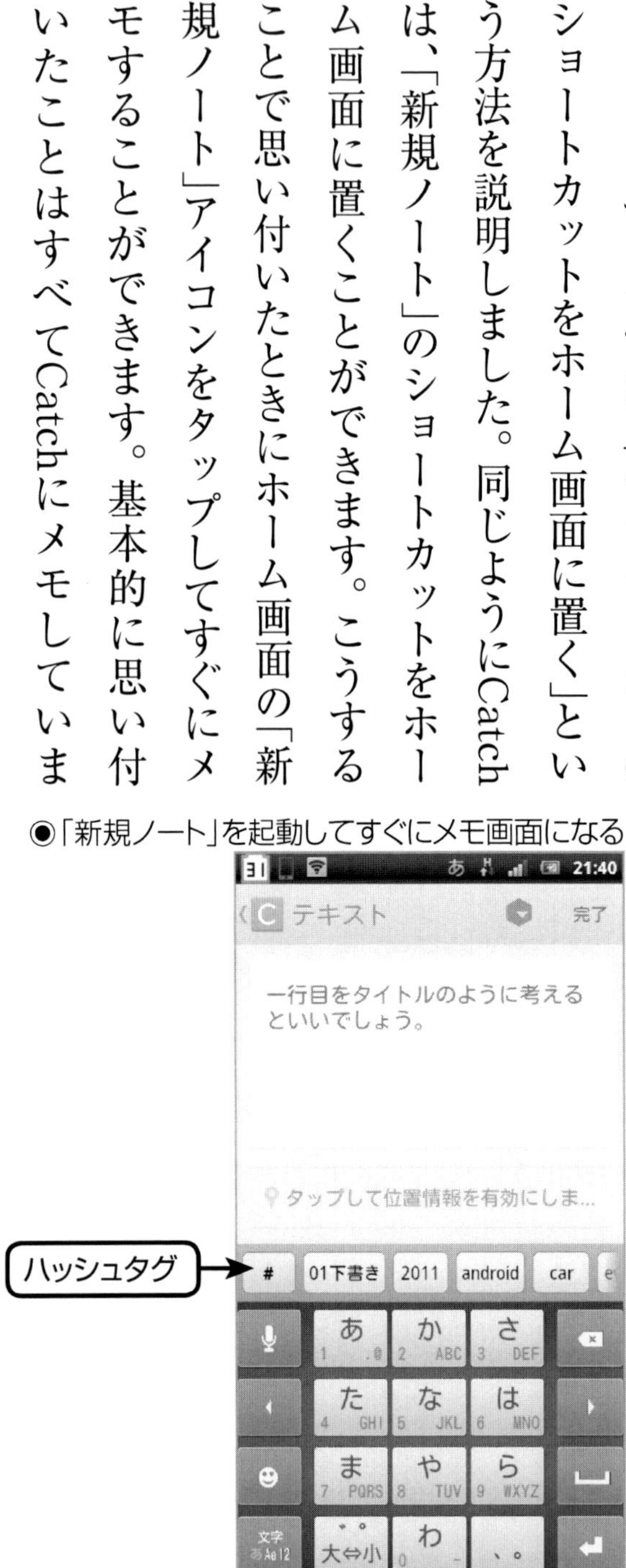

す。これはCatchをメモのinboxとして使う方法です。

Catchにはタイトルの概念がないため、1行目をタイトルとして扱っています。メモ欄の下方にはハッシュタグが並んでおり、選択したり新しいタグを付けることもできます。Twitterのような感覚でメモがとれます。

レビューしてメモを処理する

Catchに入れたメモは後でまとめてレビューをして処理を判断します。この際、Androidの共有機能を使って他のアプリへメモを渡すことも簡単です。

メモの内容がタスクであれば、共有機能で適当なToDoアプリに送ります。その他にもGmailなどのメーラーに送ってメールしたり、Evernoteに送ることもできます。twiccaを選択してTwitter投稿することも可能です。Androidの共有機能はメモのさまざまな活用を可能にしてくれます。

理由は不明ですが、Catchの共有機能アプリ一覧にはカレンダー

Androidアプリ情報
I HUB
- ジャンル・・・カスタマイズ
- 提供元・・・DIM_SAN
- 価 格・・・無料

アプリが表示されないためスケジュールへの共有ができません。そこで筆者は「I HUB」というアプリを使っています。I HUBは、Androidの共有機能を編集できるアプリです。共有機能の一覧表示されるアプリ順を並べ替えたり、不要なアプリを一覧から削除したりすることができます。

I HUBを経由するとCatchからでも、たとえばCalendar Padにメモを共有することができます。

Catchを読み返す

セクション20で触れたとおり、メモは読み返すことで活きてきます。Catchは動

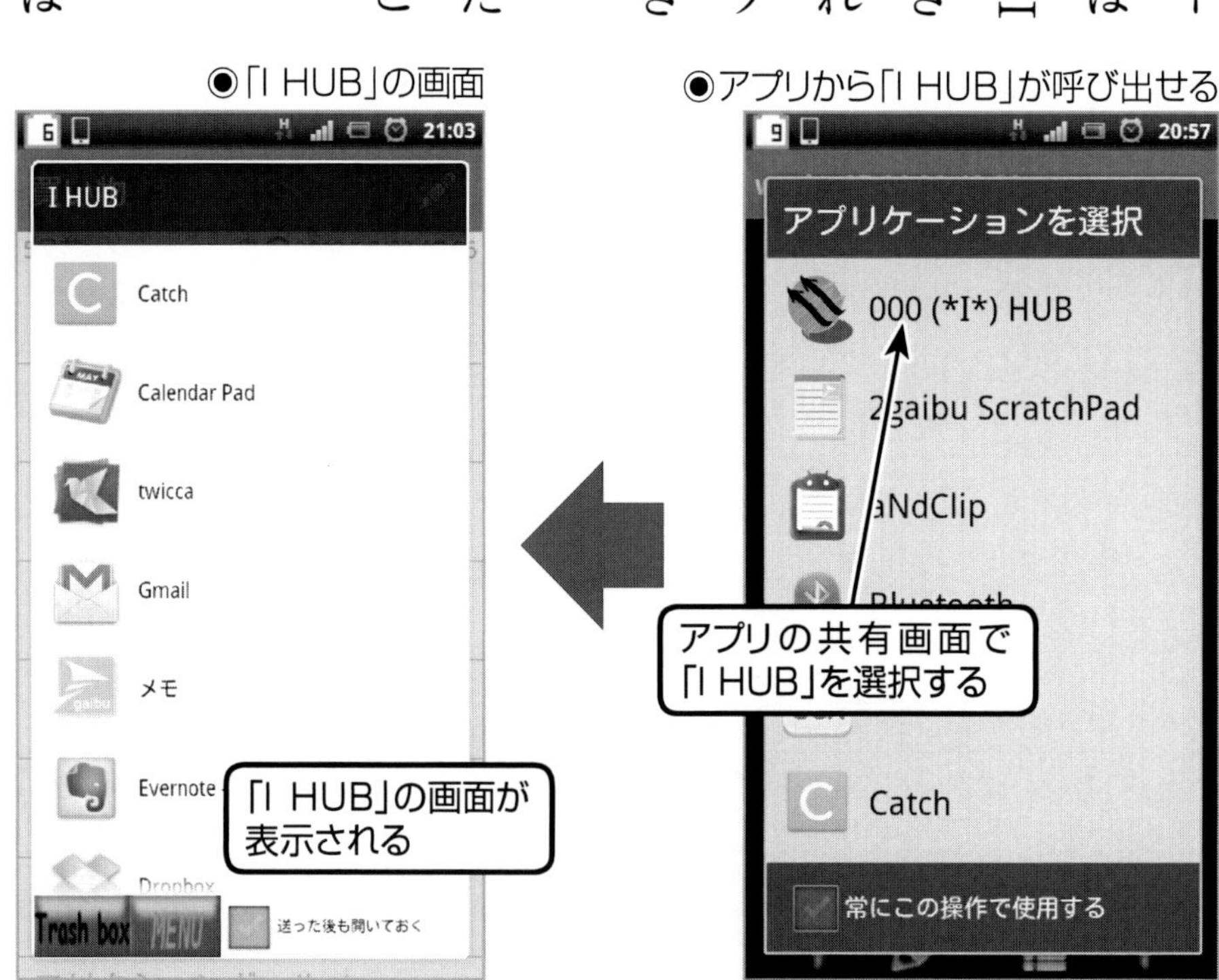

◉アプリから「I HUB」が呼び出せる

◉「I HUB」の画面

作の軽さから、読み返すのが心地よいメモアプリです。読み返す方法としては次の4つがあります。

- キーワードで検索する
- ハッシュタグで絞り込む
- スターで絞り込む
- メモをフリックで流し読みする

メモを後から活用するときにはキーワードでの全文検索やハッシュタグ、スターを利用して絞り込みをするとよいでしょう。Catchの洗練されたＵＩでは、メモを上下にフリックで辿りながら探すのも心地よい作業です。この際、メモに関係する画像を添付しておくと、メモ一覧に画像がサムネイル表示されて当該メモを探しやすくなります。あるいはメモの内容にまったく関係のない画像を添付してもいいかもしれません。これはメモを目立たせるちょっとしたコツです。

Catchをローカルのみで使う

CatchはEvernoteと同様にクラウドサービスも存在します。アプリとクラウドと同期して使うのが一般的でしょう。しかし、筆者がお勧めする使い方は、Catchをあえてクラウドとは同期せずにローカルのみで使う活用法です。そうすることで、たとえばクラウドに預けたくない個人情報も入れておくことができます。

筆者は自宅の住所がなかなか憶えられません。しかし、Catchに住所をメモしているので必要な時はすぐにアパート名の検索で見つけることができます。また、保険証の画像もCatchに保存しているため、旅行先などで役に立つかもしれません。

クラウドと連携せずにスマホのみで使うのであれば、アカウント登録も必要ありません。Catchをインストールすれば、すぐにメモアプリとして使うことができます。データのバックアップは、Catchの場合テキストファイルで簡単にエクスポートできます。アプリ自体もパスコードを設定してロックできるので、端末を紛失した場合にも個人情報は守られます(エクスポートしたテキストファイルを見られないように注意する必要はあります)。このように、あえてローカル環境で使うという選択肢もあるのではないでしょうか。

Catchのメモを他のアプリと共有するには

1 共有メニューの呼び出し

❶［共有］ボタンをタップする。

2 アプリの選択

❷共有するアプリを選択する。

3 共有の完了

❸メモの内容が共有される。

Catchに画像を添付するには

1 添付画面の呼び出し

❶［クリップ］ボタンをタップして表示されるメニューで［写真］を選択する。

2 アプリの選択

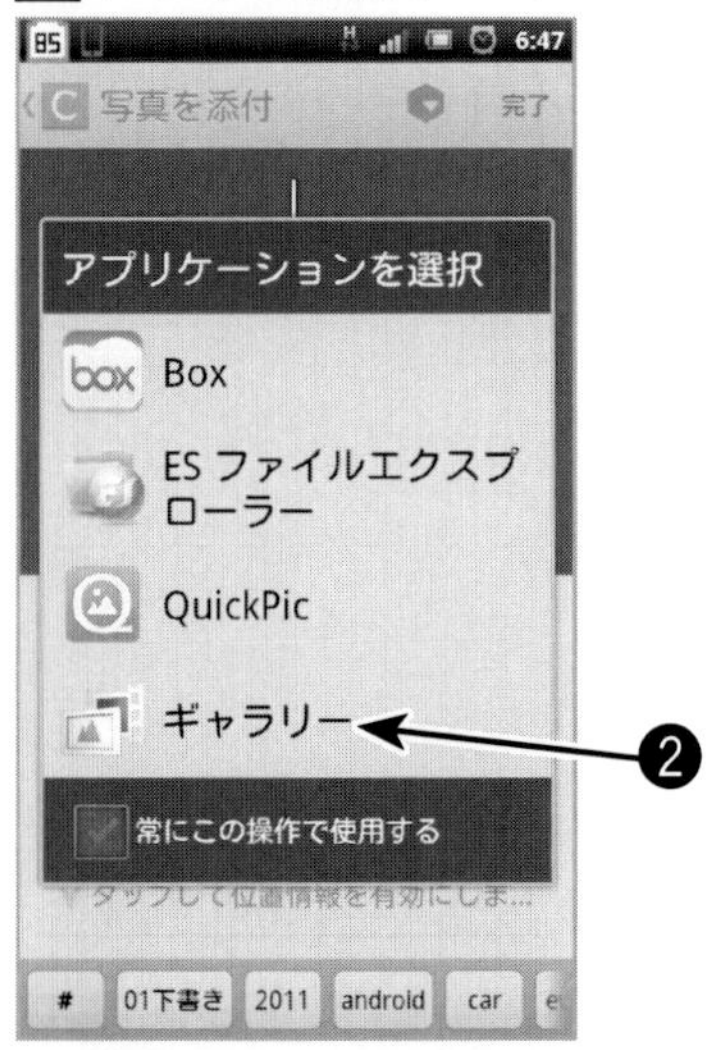

❷ギャラリーを選択する。

3 画像の選択

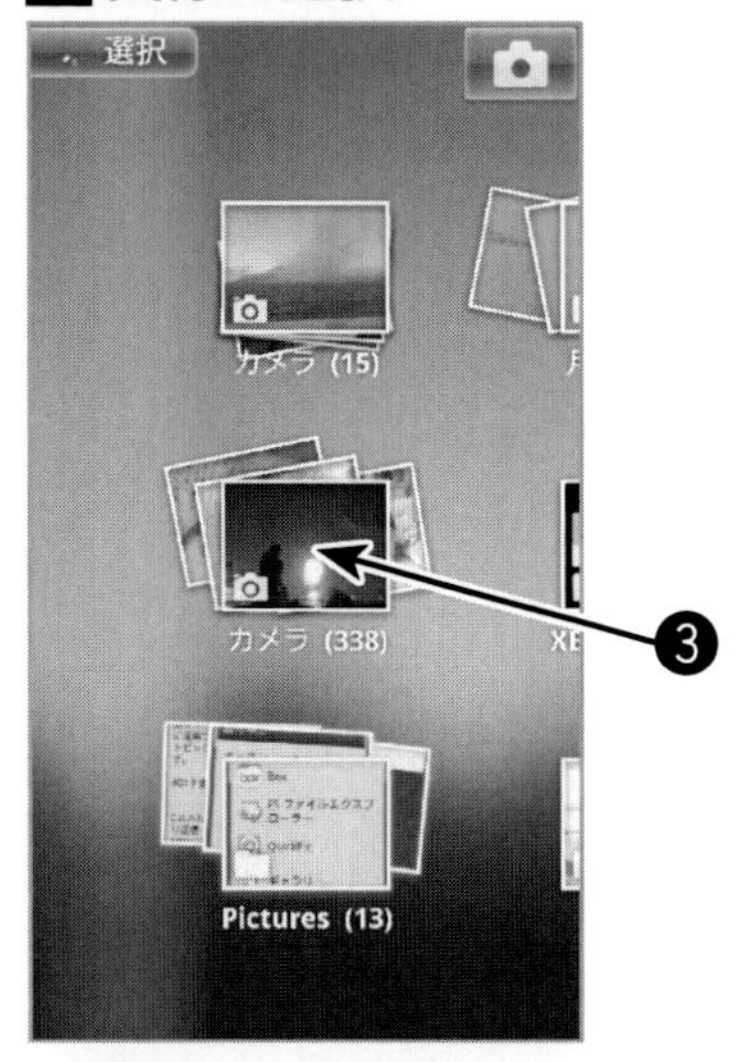

❸添付する画像を選択する。

4 添付の完了

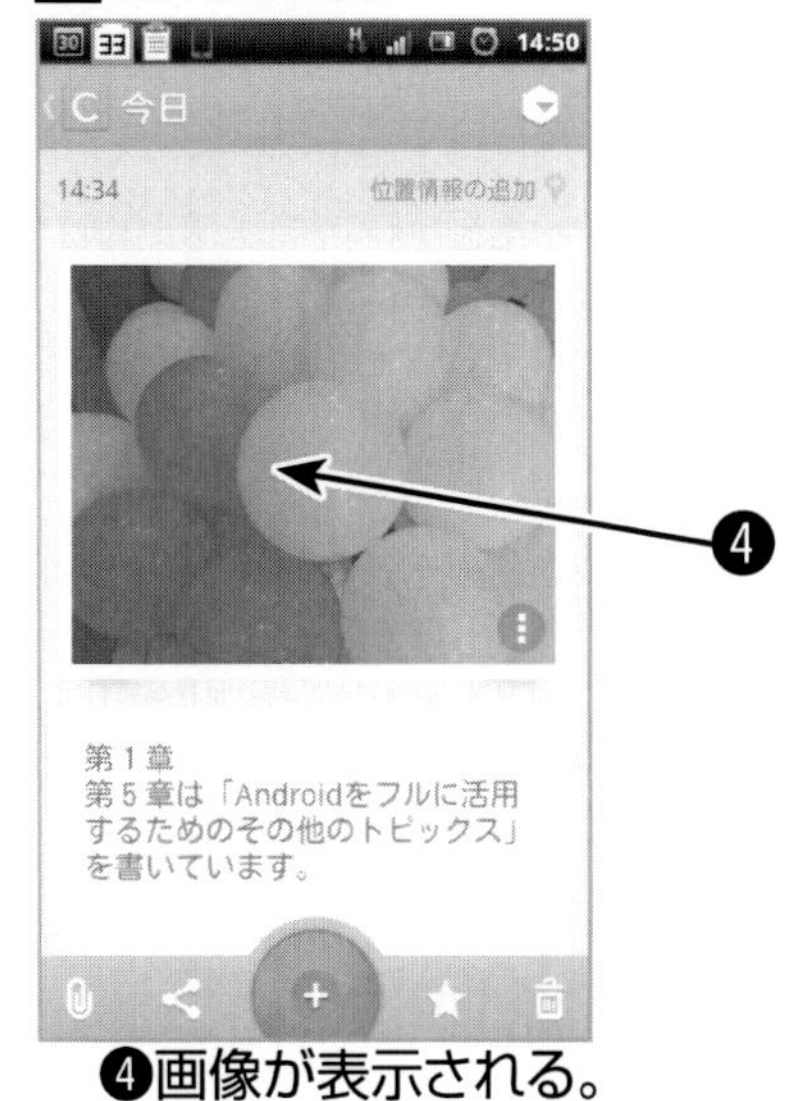

❹画像が表示される。

「テキストファイル仕事術」を実践する

Jota Text Editorでテキストファイル仕事術を実践する

Evernoteなどのクラウドサービスは便利です。クラウドに情報をアップしておけば、インターネットに接続できる環境で、「いつでもどこでも」同じ情報を扱うことが可能です。しかし、職場や職種などによっては仕事に関する情報をクラウドにアップすることが禁止されている場合があります。ルールで明確に禁止されていないまでも、外部に業務のデータを置くことに不安を感じることもあるはずです。前セクションで取り上げたCatchをローカルのみにデータを保存して使う方法は解決策の1つといえるでしょう。

シンプルな解決方法の1つが、テキストファイルを使う方法です。実際、筆者は自分の本業においては、クラウドへは業務に関する情報は置かずに、「テキストファイル仕事術」ともいうべきやり方をしています。

テキストファイル仕事術について

筆者がテキストファイルを愛用する理由は、その軽さと汎用性の高さにあります。テキストファイルそのものが軽いのはもちろんですが、テキストエディタも動作が軽く快適に文章を作成することができます。データ量は、数年分のメモもUSBメモリで余裕をもって持ち運ぶことができるくらいです（ちなみに筆者が仕事で使っているテキストファイルは2005年からのメモ全部で1・3メガバイトしかありません）。文字コードの問題が若干あるものの、テキストファイルはWindowsでもMacでもAndroidでも扱うことができる利点があります。

「テキストファイル仕事術」は、これらのテキストファイルの利点を活かして、仕事に関する情報をテキストファイルに集める方法です。シンプルで汎用性の高い方法です。具体的には次のように実践しています。

- メモを1つのテキストファイルに集める
- メモは日付を入れて時系列に並べる
- 重要なメールはテキスト形式で同じフォルダに保存

●GREP機能があるテキストエディタを使う

これらの4つの方法について詳しく見ていきます。

メモを1つのテキストファイルに集める

「テキストファイル仕事術」では、使うファイルは1つにまとめます。仕事に関するメモはすべてここにあることになります。ちなみにファイル名はシンプルに「inbox.txt」としています。

筆者は複数のタスクで構成される「プロジェクト」の管理をPC上のOutlookの「仕事」で行っています。「仕事」とは、Outlookにおけるタスク管理のアイテムです。「プロジェクト」が進行中の間は「仕事」にメモを記入して行きます。

◉テキストファイル「inbox.txt」の中身

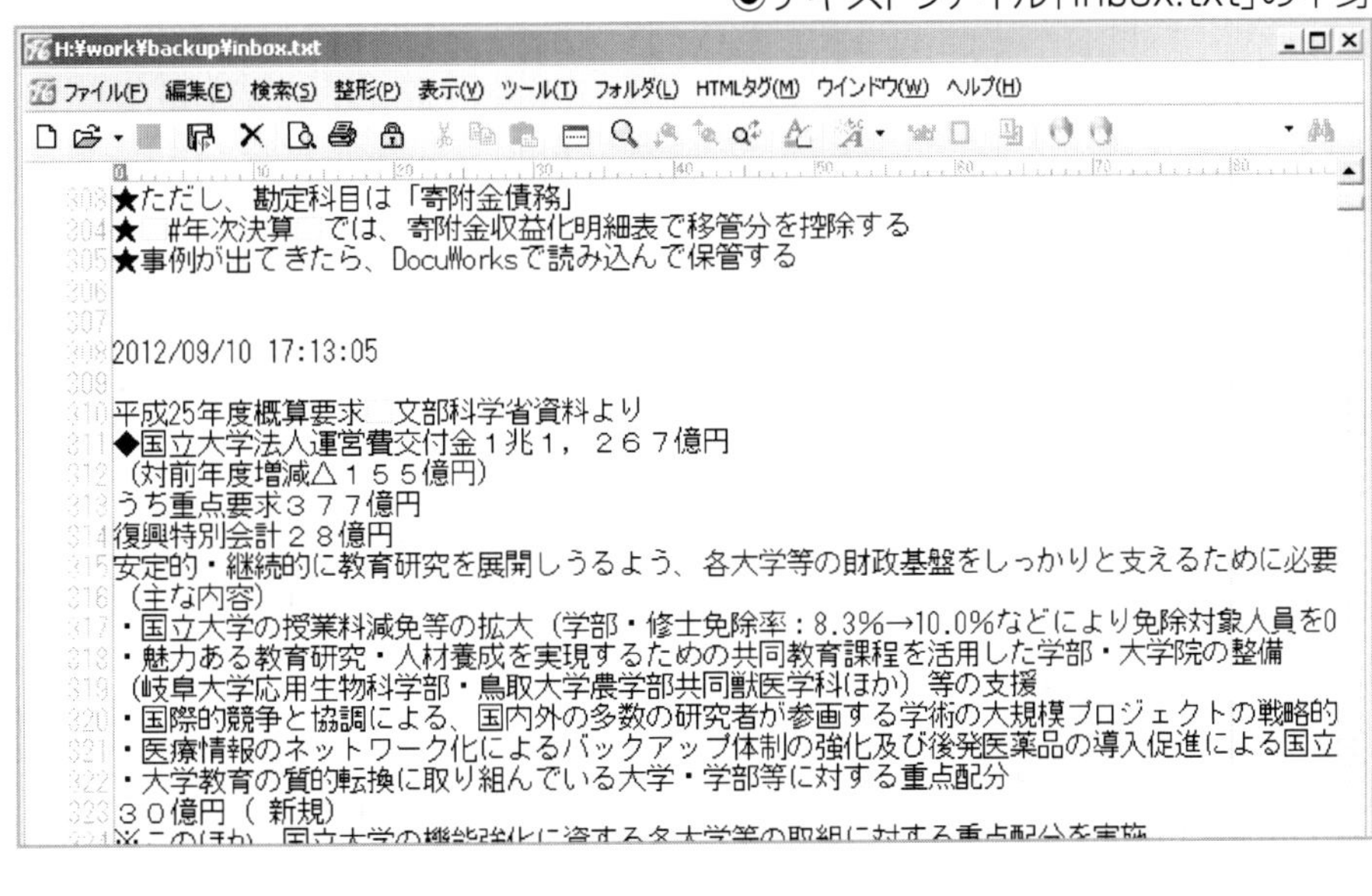

「仕事」が完了したらメモをすべてコピーして、「inbox.txt」に貼り付けます。

メモは日付を入れて時系列に並べる

まず朝一番に「inbox.txt」を開いて今日の日付を入れます。その下にとにかく何でもメモしておきます。時系列に並べるだけです。人の名前や正確な組織名などの固有名詞を入れておくと後で検索しやすくなるでしょう。

新しい日付を上に置いて、古いメモがどんどん下方に押し出されて行くようにメモします。トップが最新のメモということになります。

重要なメールはテキスト形式で同じフォルダに保存する

重要なメールはテキスト形式で保存して、上記「inbox.txt」と同じフォルダに置いています。こうしておけば次に説明するGREP機能によって「inbox.txt」とメールを同時に検索することができます。

メールを「inbox.txt」に入れるとごちゃごちゃするので、別ファイルにしています。気にならなければ「inbox.txt」に貼り付けてもよいでしょう。

GREP機能があるテキストエディタを使う

GREPは検索機能の一種で、通常の検索よりも強力な検索を行うことができます。GREPは、検索対象語が含まれる行を同じフォルダ内の複数のテキストファイルから探し出してリスト形式で表示します。そのリストを見て、自分が探している行を見つけるわけです。そしてクリックすると元のテキストファイルが開かれて当該箇所へジャンプします。複数のファイルを横断的に検索してくれるので便利です。「inbox.txt」と同じフォルダに保存しているメールを同時に検索できます。

GREP機能を持っているテキストエディタとして、筆者はWindowsでは「No Editor」というフリーソフトを使っています。一方、Macではこれというテキストエディタを見つけていません。今のところ、MacBook Airの「テキストエディット」を使用しています。検索は元々備わっている「Spotlight」を使っている現状です。

スマホで「テキストファイル仕事術」

「テキストファイル仕事術」は、Androidでも実践可能です。テキストエディタは「Jota Text Editor」というアプリを使用します。Jota Text Editorは高機能なアプリで、Windowsのテキストエディタと同様な機能があります。

また、文字コードの変更もできます。Windowsで作成したテキストがMacBook Airで開けない場合、Shift-JISからUTF-8への変換をよくやりました。

そして、Jota Text Editorと同じ作者による「aGrep」というGREP機能を持つテキスト検索アプリがあります。これを使えば、同じフォルダ内のテキストファイルを「串刺し」で横断的に検索してくれます。検索結果は一覧表示されるので目的のデータを探しやすくなっています。

仕事に関するメモをテキストファイルでAndroid内の同じフォルダに集めてお

◉Jota Text Editorの画面

Androidアプリ情報
Jota Text Editor

- ジャンル ・・・ テキストエディタ
- 提供元 ・・・ Aquamarine Networks
- 価 格 ・・・ 無料(寄付受付)

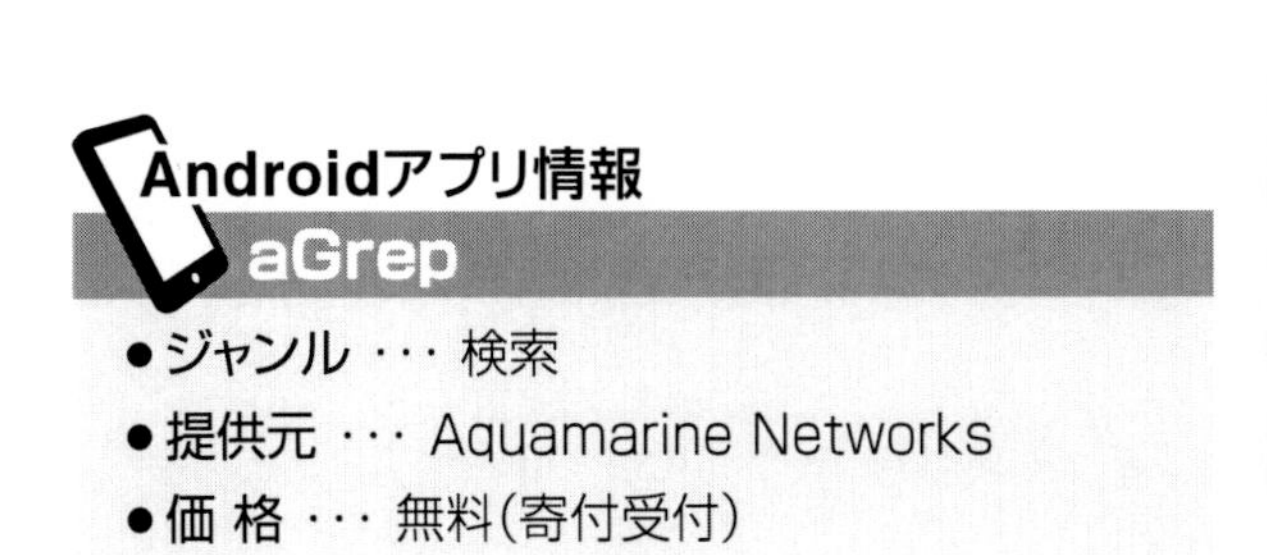

いてaGrepで検索すれば、すべての仕事メモを一度に検索できます。

クラウドにアップできない情報は、この方法を利用すれば、スマホで活用することができるでしょう（ただし、スマホ自体の紛失には注意する必要があります）。

ファイルを管理する

「テキストファイル仕事術」では、テキストファイルのコピーや移動などの作業が必須となります。「ESファイルエクスプローラー」というアプリを使用すると、スマホ本体やSDカード内のフォルダやファイルをWindowsのエクスプローラーのように扱うことができます。ファイルの複数選択など

aGrepで複数のテキストファイルを検索するには

検索対象ディレクトリなどを選択して検索を開始する

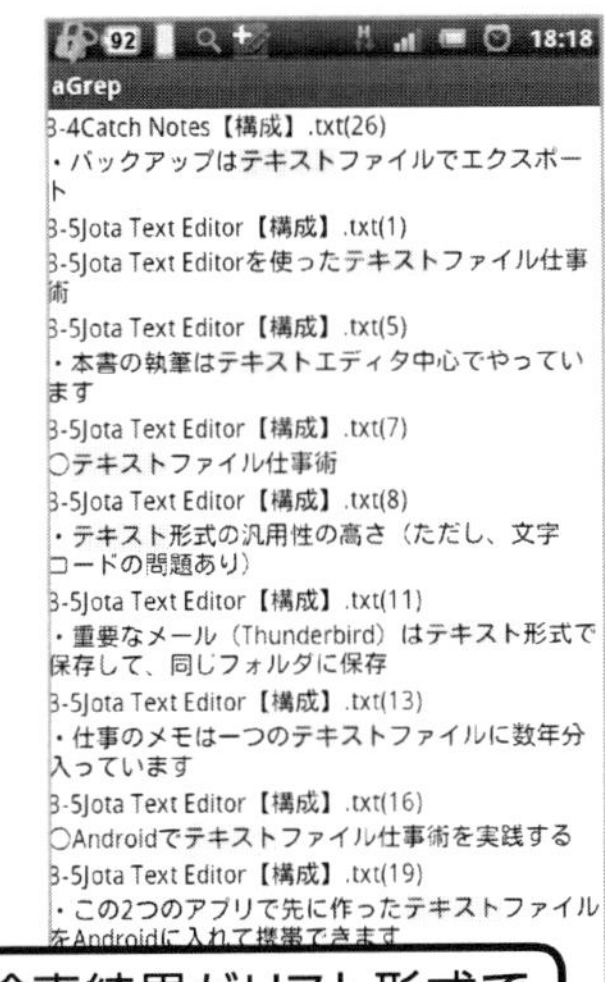

検索結果がリスト形式で表示される

一通りの操作は可能です。

ここで紹介したいのは、DropboxやBoxというオンラインストレージサービスへのアクセス機能です。ファイル表示画面で横にフリック操作すると「ネット」タブが表示されます。ここにDropboxやBoxが表示されます。通常のフォルダと同じように操作できます。Androidにあるファイルを直接DropboxやBoxに送ることもできます。テキストファイルのバックアップに使うと便利です。

◉ESファイルエクスプローラーの画面

テキストファイルでブログ作成

筆者はスマホを使ってブログの原稿をテキストファイルで作ることが多いです。

Androidアプリ情報

ESファイルエクスプローラー

- ジャンル … ファイル管理
- 提供元 … EStrongs Inc.
- 価格 … 無料

- Jota Text Editorでテキスト原稿を作成
- ブログはブラウザで更新するか、メール投稿
- 投稿済みのテキスト原稿はESファイルエクスプローラーでDropboxに送って保存

Jota Text Editorを使ってブログの下書きをテキストファイルで作ります。スマホであれば、「いつでもどこでも」原稿を作成、修正等の作業を進めることができます。フリック入力でも慣れるとそれなりに長文を作成できるものです。

作業中はAndroidに原稿を置いて、ブログ投稿が完了したらDropboxに保存するので混乱することはありません。これはブログのバックアップにもなります。

「Twitter」をメモツールとして使う

twiccaでソーシャルなメモライフ

ここではTwitterをメモツールとして、Twitterクライアントアプリをメモアプリとして使用する方法を紹介します。Twitterをスマホで利用するには、ブラウザでアクセスする方法もありますが、専用のクライアントアプリの方が快適にTwitterを利用できます。Androidでも無数のクライアントアプリがGoogle Playストアに公開されています。

AndroidでTwitterを快適に利用するために筆者が使っているのは「twicca」というTwitterクライアントアプリです。

国産のクライアントアプリ「twicca」

twiccaは、AndroidのTwitterクライアントアプリの中でも評価が高いアプリです。

twiccaは個人によって開発された国産アプリなので、メニューなども日本語で表示されます。筆者はいろいろなアプリを試しましたが、現在はtwiccaに落ち着いています。

twiccaは多機能です。多機能でありながら、動作の軽さを維持できているのが凄いところです。Androidアプリについては動作の軽さにこだわる筆者ですが、軽いのであれば多機能・高機能であることは大歓迎です。

無料で利用できますが、「twiccaサポーターズ」という仕組みがあります。これを利用してアプリの作者を支援することが可能です。アプリの開発者に対する寄付

◉twiccaのタイムライン

- ジャンル … Twitterクライアント
- 提供元 … Tetsuya Aoyama
- 価 格 … 無料

や支援の文化がもっと根付くといいなと思います。筆者がtwiccaを使うのは、作者の熱量というものを感じることができるからかもしれません。

プラグインが充実しているtwicca

twiccaは機能追加のためのプラグインが充実しています。たとえば筆者のtwiccaには次のようなプラグインがインストールされています。twiccaの開発者以外の方々が作ったプラグインも多数あります。twiccaに魅力があるから色んな人が参加するのだろうと思います。

- Evernoteプラグイン（セクション33参照）
- 下書きプラグイン
- plugin for Facebook
- 翻訳連携プラグイン
- TgViewer

◉twiccaのプラグイン

- Twilogプラグイン
- はてなフォトライフプラグイン
- シャア専用プラグイン

他にもたくさんのプラグインが存在しています。twiccaを自分の好みでカスタマイズすることが可能です。

プラグインでツイート下書きを保存する

「下書きプラグイン」を入れると、twiccaでツイートの下書きを保存することができます。思い付いたことをいったん保存することで、失言を防ぐことができます。「脊髄反射」ツイートで失敗するのもTwitterのおもしろさではありますが、思わぬ方向に発展してしまい、洒落にならない場合もあります。

また、思い付いたフレーズなどを入れて保存しておいて、後でツイートに仕上げるのもいいでしょう。

twiccaで下書きを保存するには

1 メニューの呼び出し

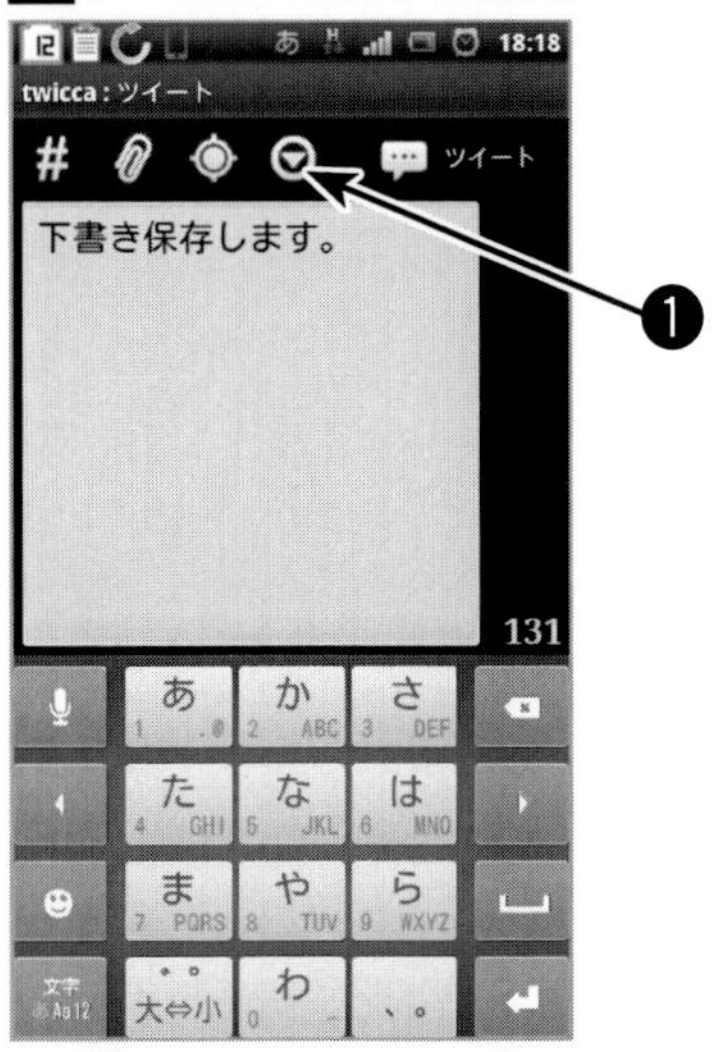

❶メニューを呼び出すボタンをタップする。

2 下書き保存の選択

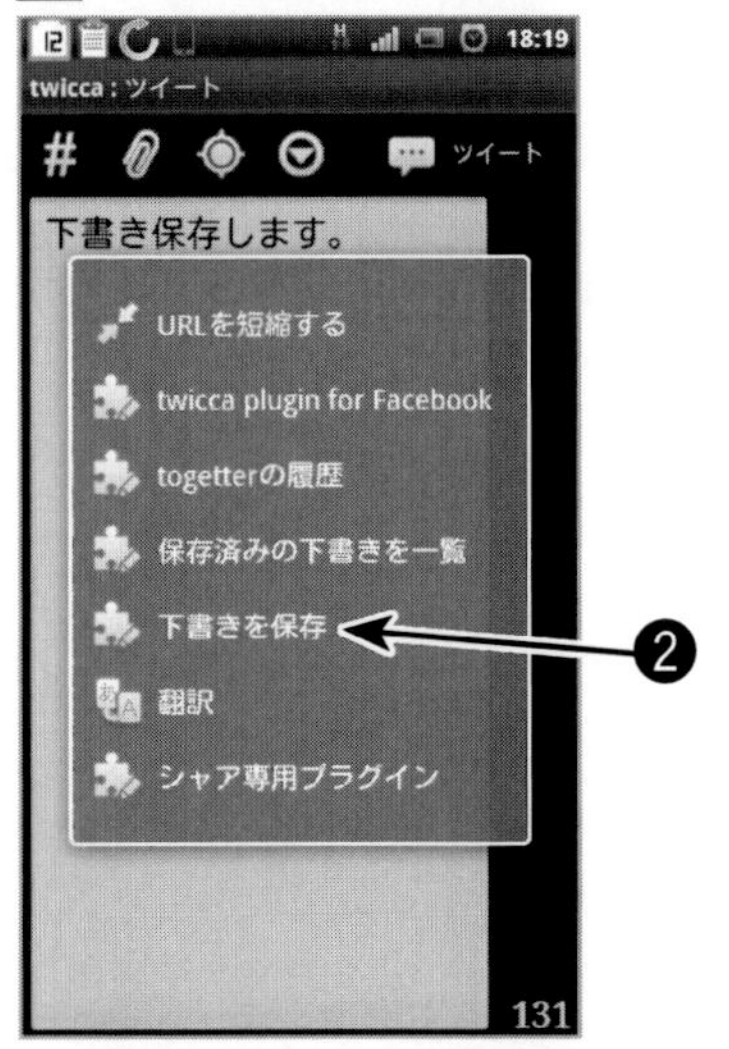

❷[下書きを保存]をタップする。

3 新規保存の選択

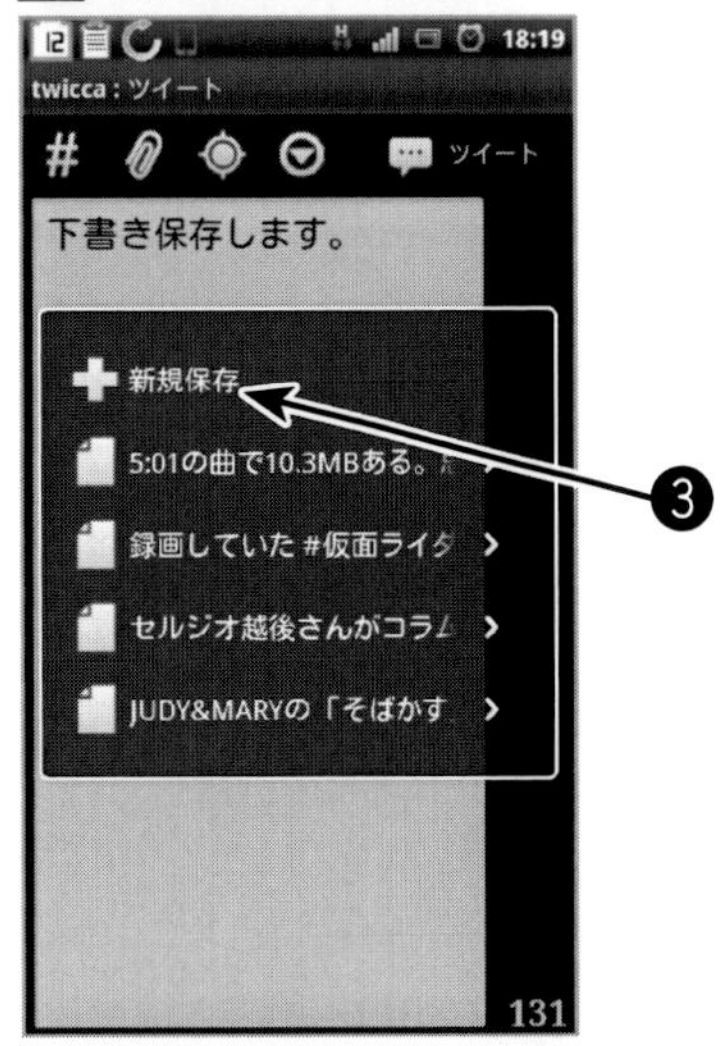

❸[新規保存]をタップする。

FacebookとTwitterに同時投稿する

「plugin for Facebook」は、ツイート時に同時にFacebookにも投稿できるプラグインです。私はTwitterとFacebookは基本的に違う方針で運用をしていますが、内容によってはどちらにも投稿したいことがあります。twiccaに「plugin for Facebook」を入れておけば、同時投稿することができます。Facebookのみへの投稿もできます。

また、Facebookについては公開範囲を「公開」「友達」「自分のみ」「友達の友達」から選択することもできます。

●TwitterとFacebookに同時投稿が可能

Twilogで自動ライフログを実践する

ツイートはそのままだとフローとして流れて消えてしまいます。Twitterをメモツールとして考えた時、その点が問題です。そこでツイートをストックする方法を利用する必要があります。もっとも簡単なのは「Twilog」というウェブサービスを利用することです。

Twilogとは、ツイートを自動でブログ形式にまとめてくれるサービスです。登録すれば後は自動で記録してくれるので、操作を意識することはありません。Twitterを利用するだけで自動的にライフログができます（セクション25参照）。Twitterというフローをストックにすることができるわけです。

検索機能を使えば過去の自分のツイートから必要なメモを見つけることができます。URL付きのツイートをしておけば、ウェブページのブックマーク的にも使うことができそうです。後日の検索のことを考えて、「おいしいものを食べたツイートには必ず『美味』という言葉を入れる」といったコツがあります。

Twilogで「昨年の同日」をチェックする

筆者は毎朝Twilogをチェックします。その際に「昨年の同日」というリンクをクリックします。すると、去年の同じ日付のツ

Webサービス情報
Twilog
- ジャンル・・・ソーシャルネットワーク
- 提供元・・・ropross.net
- 価格・・・無料

URL http://twilog.org/

イートを見ることができます。

たとえば、毎年の恒例タスクなどはここから思い出すこともあります。

また、過去の自分は他人のようなものですから、思いがけないアイデアを発見することもあります。忘れていた自分のツイートがおもしろかったりします。これはアイデア出しの1つの方法ですね。

おもしろい自分のツイートは、すぐにtwiccaで再度ツイートします。1年前に見ていないフォロワーもいますし、ここでツイートしておけば、さらに1年後の今日、もう一度目にすることになります。1年後の自分に向けたメッセージをツイートしてもおもしろいのではないでしょうか。

◉Twilogの画面

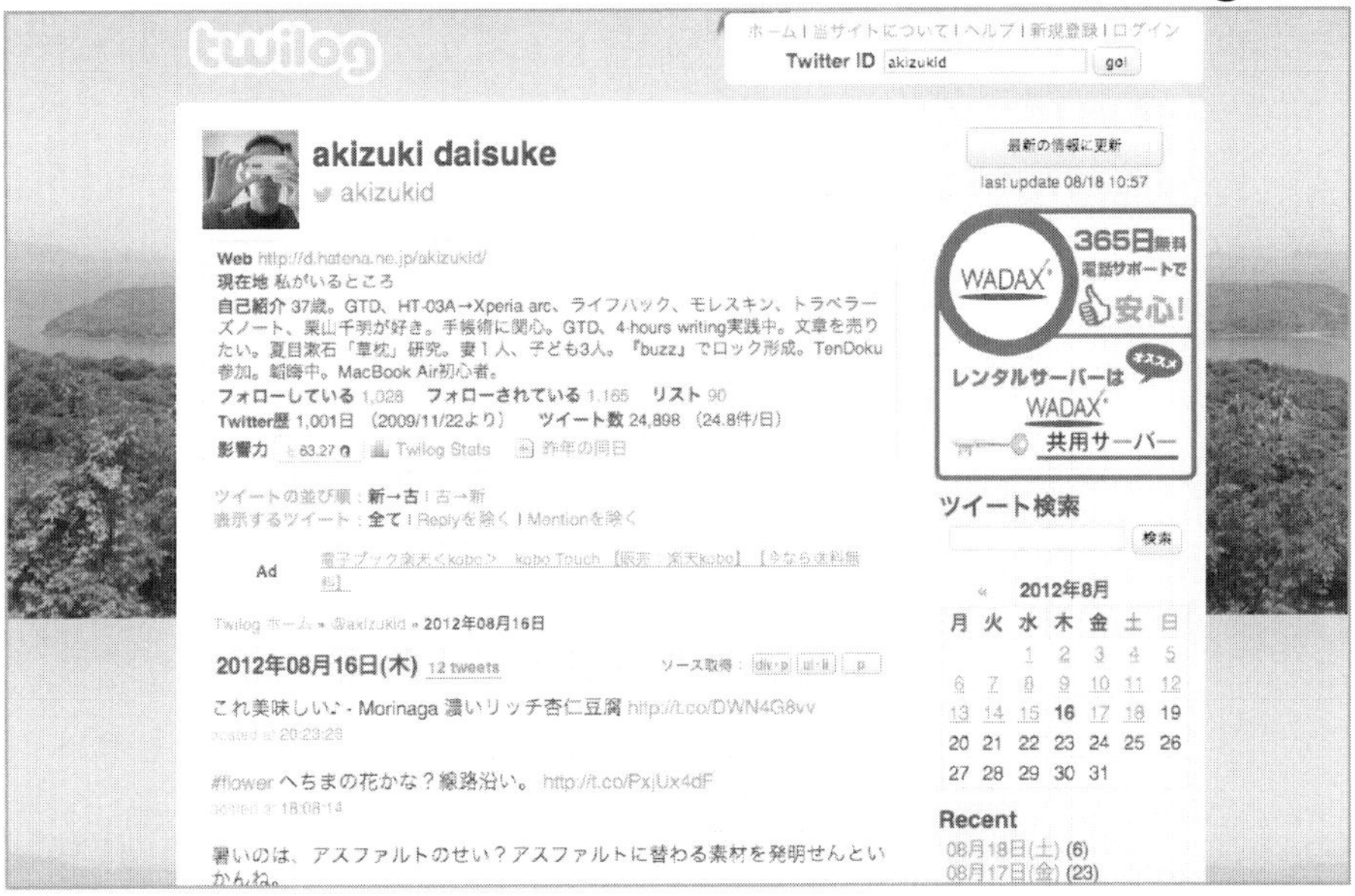

ソーシャルメモツールとしてのTwitter

このようにフローとしてのTwitterもストック化することでメモツールという活用ができるようになります。

加えてTwitterはメモが公開されるというのが大きな要素になるでしょう。

最大のポイントは、メモしたこと、すなわちツイートに対して反応を得られるということです。個人的なメモであれば基本的に読み返すのは自分だけです。そのメモから何かを生み出すには、自分でなんとかアイデアを出すしかありません。しかし、Twitterであればツイートに対して何らかの反応があることがあります。リツイートされたり、返信が来たり、引用されて新しい何かが加えられたりするでしょう。

また、情報は発信する人に集まるという傾向があります。自分からツイートしてアウトプットすることで、良質なインプットを得られることでしょう。

自分一人で考えることには限界があります。Twitterで他人のアイデアをどんどん活用することができるわけです。

とはいえ、ツイートに対してなかなか反応は来ないものです。そこで、自分から他の人ツイートにどんどん言及する必要があります。この際は、返信が無くても気にしないことです。どんどん返信したり、リツイートしたり、引用しましょう。言及したことを忘れた頃に返信があったりします。

スマホでライフログを自動化する

デジタルなツールとライフログの親和性

スマホでのメモライフはライフログにつながります。
ライフログとは、本書では「人生（ライフ）を記録（ログ）することであり、狭義には
デジタルデータで記録すること」と定義しておきます。
デジタルデータで記録することがよいのは、今までに見て来たようなデジタル
ツールの優位性があるからです。いわゆる手帳や日記帳などのアナログツールだと
検索性がデジタルツールにかないません。後日、ライフログを何かに活かそうと考
えるのであれば、デジタルツール（本書ではスマホ）で記録した方がよさそうです。

ライフログは自動がいい

筆者は無精者です。だからこそ、ライフハックや仕事術に継続的な関心を持って

います。ライフログも面倒でない方法を志向しています。意識せず、手間をかけずに記録できればそれが一番です。つまり「ライフログは自動がいい」ということになります。

セクション24で紹介したTwilogは、その点すばらしいサービスです。ユーザーはTwitterでツイートするだけでTwilogを操作することはありません。自動でフローがストック化されていきます。このようなツールでライフログを実践するのがベターだと考えます。

このセクションでは次の2つの方法を紹介します。

CallTrackで自動的に通話記録を残す

「CallTrack」はAndroidでの通話記録をGoogleカレンダーに記録してくれるアプリです。一度設定してしまえば、後は通話相手名（連絡先の名前）、電話番号、通話時間がGoogleカレンダーに自動で記録されます。たとえば営業の仕事をしている人には便利なアプリではないでしょうか。あるいは、電話記録を「見える化」することで、電話料の節約などにつなげることもできそうです。ユーザーは

●CallTrackの設定画面

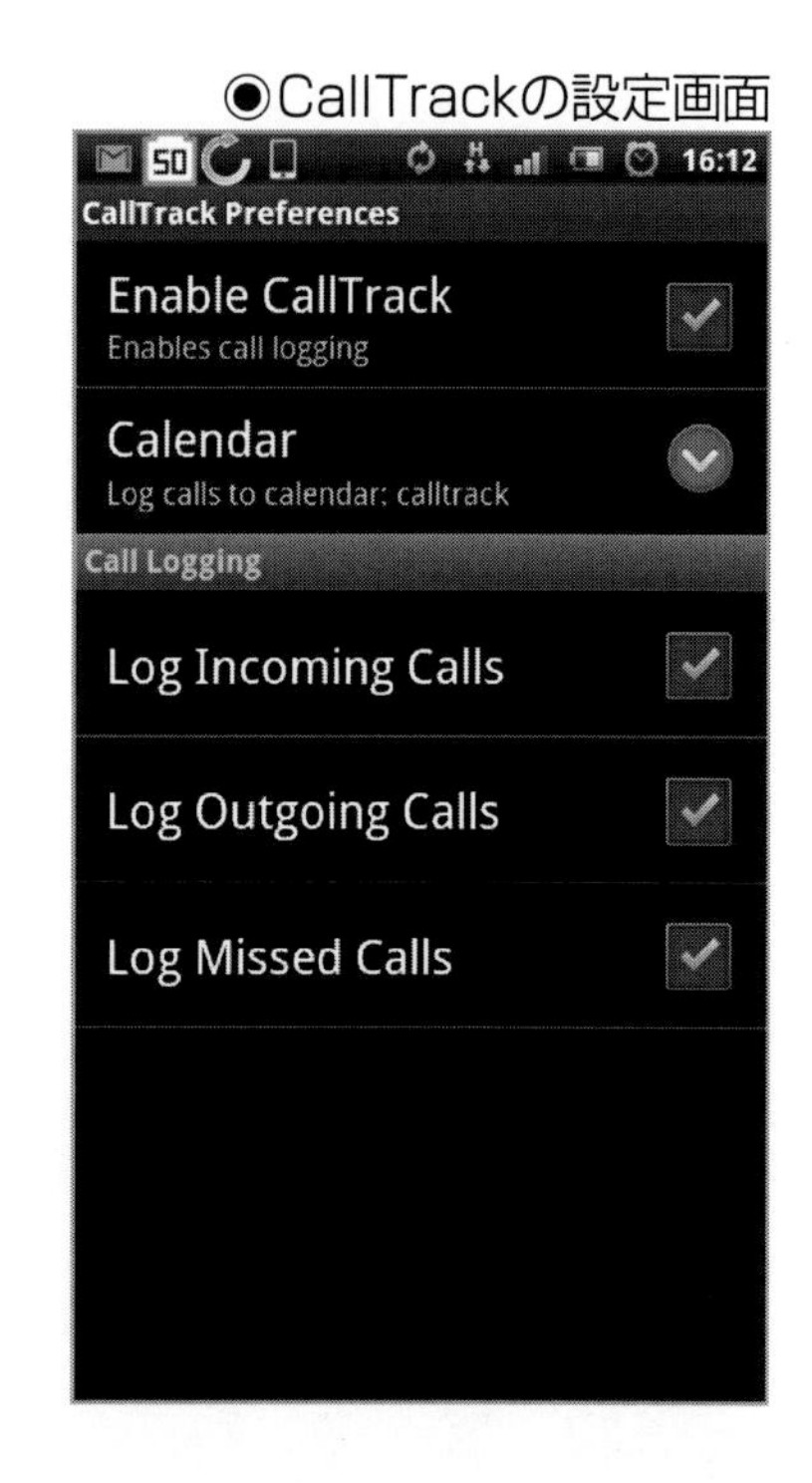

Androidアプリ情報
CallTrack

- ジャンル ··· 電話
- 提供元 ··· asterdroid mobile
- 価 格 ··· 無料

●自動でGoogleカレンダーに通話記録が残る

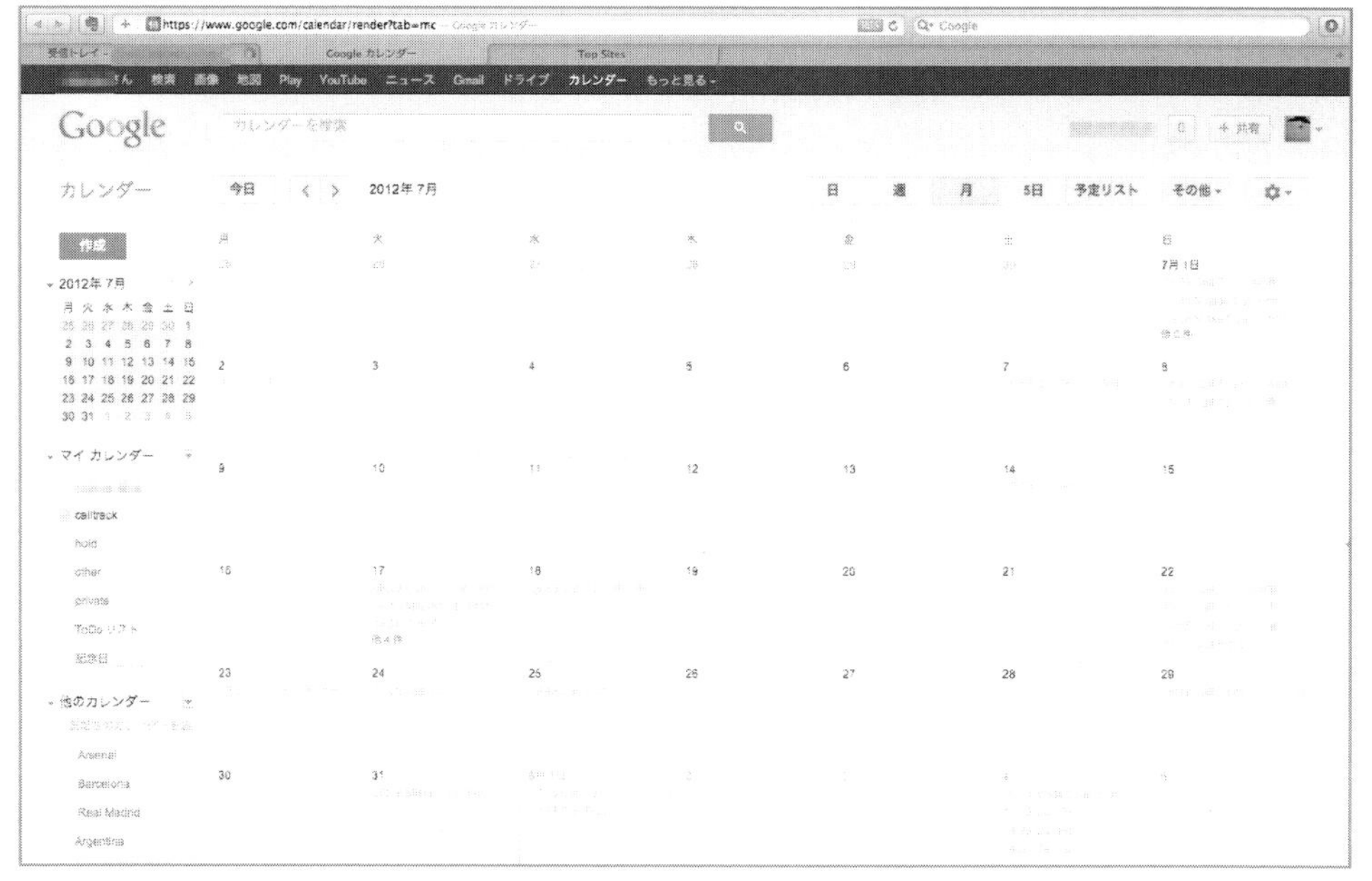

普段どおりに電話するだけでアプリの存在は意識しないでしょう。操作も必要ありません。

余裕があれば通話後に詳細を編集して通話内容などを記録しておくとベターです。コツはCallTrack専用のカレンダーを作ることです。そうすることでGoogleカレンダーの他の予定に紛れることが無くなります。そして、ジョルテやCalendar Padのようなアプリでは、CallTrack用カレンダーを非表示にしておくと見やすいかもしれません。

スマホのカメラとGoogle+でメモをする

スマホのカメラをメモ用途に使っている方は多いでしょう。それに加えてGoogle+を活用することでさらに便利なメモライフが実践できます。

あらかじめAndroid端末にGoogle+のアプリをインストールし、設定で「インスタントアップロード」にチェックを入れておきます。そうするとAndroidのカメラで撮影した画像が自動でGoogle+の非公開アルバムにアップロードされます。自動なので、ユーザーは撮影した画像のアップロードを意識する必要はありません。

アップロードされた画像はGoogle+で見ることができますが、デフォルト(初期設定)で非公開になっているので安心です。

また、Google+のインスタントアップロード機能でアップロードされた画像は、自動で長辺2048ピクセルにリサイズされ、保存容量も無制限となっています。つまり容量を気にすることなくどんどん画像メモを撮影することができるわけです。

容量を気にせずに撮影できるからこそ、カメラをメモとして活用できます。

◉Google+の画面

- ジャンル ･･･ ソーシャルネットワーク
- 提供元 ･･･ Google Inc.
- 価 格 ･･･ 無料

画像が記憶を引き出す

画像というのは、記憶を引き出す鍵として優秀な機能をもっています。その意味で小まめにAndroidで画像を撮影しておくと後で思いがけず役に立つということがあるかもしれません。これもまたライフログの一種ではないでしょうか。

画像で記憶を引き出したら、EvernoteやTwilogで同じ日のメモを見るといいでしょう。画像とテキストデータの連携でより詳細な記録を喚起することができそうです。

◉自動アップロードされた画像

SECTION 26 アナログツールで「メモライフ」を補完する

アナログツールを併用する意味

筆者はAndroidスマホ中心のメモライフを送っています。しかし、アナログツールも活用しています。時にはスマホを離れて、アナログツールでメモすることをおすすめします。

それはスマホばかりだと疲れてしまうからです。スマホのようなデジタルツールは長い時間使っていると目だけではなく、気持ちも疲労してしまいます。

デジタルツールもアナログツールも、どちらもツールに過ぎません。私たちの好きなように使っていいはずです。たとえばデジタルツールが検索に優れているからといって、必ずデジタルツールにメモしなければならないということではありません。ストレスフリーにメモライフが送れるように筆者は気分でツールを使い分けています。

早速、筆者が愛用しているアナログツールでのメモライフを紹介していきます。

「薄いメモ帳」とは

最近、筆者が愛用しているアナログツールに「abrAsus 薄いメモ帳」（以下「薄いメモ帳」）があります。「薄いメモ帳」は、スーパークラシックが販売しているメモ帳です。メモ帳といっても紙はセットされておらず、メモカバーとボールペンで構成されている革製品です。メモ用紙はＡ４サイズの紙を折り畳んでセットします。つまり、日常の業務で大量に発生するＡ４コピー用紙の裏紙をメモ用紙として活用できます。

◉A4サイズの紙を折りたたんで使う「薄いメモ帳」

Ａ４サイズの用紙を折り畳むことで、Ａ７サイズで１ページのメモ帳が７ページできる構成になります（カバーに差し込んでいることで１ページが隠れるため、８ページにはなりません）。折り方とカバーへのセット方法に工夫があって広げた時にすべてのメモが同じ向きになるようになっています。

裏紙をメモに活用する

「薄いメモ帳」自体はしっかりしたメモカバーでありながら、用紙は裏紙を使うので、気楽にガシガシとメモすることができます。筆者はそれまでロディアというメモ帳を使ってきましたが、生来の貧乏性のために思い切って書くことができずにいました。しかし、「薄いメモ帳」だと裏紙なので、遠慮なくどんどん大量にメモすることができます。この違いは大きいです。

「薄いメモ帳」は気楽にメモできるので、アイデア出しに使えます。また、思い付いたことのinboxとしても使えます。メモ用紙を埋めるまでの間、メモを寝かせておくことで、必要なメモと不要なメモが自然にフィルタにかけられるようです。

筆者は、スマホを使いたくない気分のときのToDoリストとしても活用しています。仕事中に思い付いた帰宅してやること、帰宅して妻や子どもと会話するネタなどをメモしておくのが代表的な使い方です。

メモした後の活用法

7ページのメモを埋めたら、保存の仕方は次のような方法が考えられます。

- 畳まれているメモ用紙を広げてバインダーに保存
- 別のツールに転記してメモ用紙は破棄する
- スキャンしてEvernoteなどに取り込んで破棄する

筆者は2番目の「メモを別のツールに転記してメモ用紙は捨てる」方法をとっています。転記する先は主にスマホのメモツール、メモがタスクであればToDoアプリとなります。

あるいは、メモ用紙をスキャンする方法があります。スキャンした画像はEvernoteなどに取り込みます。スキャンのバリエーションとしては、スキャナで読みとる以外にもカメラで撮影する方法もあります。セクション25で紹介したGoogle+のインスタントアップロード機能も活用できます。

デジタルツールに取り込んだメモ用紙は破棄して構わないでしょう。

モレスキンという特別なノート

もう1つ筆者がカバンに入れて持ち歩くノートがあります。「モレスキン」というノートです。

モレスキンはイタリアのモレスキン社が販売するノート・手帳のブランドになります。黒いハードカバー、ノートを留めるゴムバンド、巻末のポケットという仕様を基本的なフォーマットとしながら、現在ではさまざまなバリエーションが展開されています。熱烈なファンが多い特別なノートです。

筆者はすでに10冊以上のモレスキンを使って来ました。他のノートに時々浮気しながらも、いつもモレスキンに戻って来ています。

モレスキンには、手触りを大切にしたい出来事や言葉などをメモしています。この手触りの感触は手書きの文字が得意とする表現といえます。

書き終えたモレスキンは、「自分の本（マイ・ブック）」として特別な価値を持ちます。個人的なものでありながら、それは一種のアートだと思います。

また、モレスキンは読み返したくなるノートです。筆者は時々、去年の今日は何をして何を感じていたか、じゃあ5年前の今日は？　という具合にモレスキンを読み返すのを楽しみとしています。そこから新しい発見をすることもあります。

◉書き終えたモレスキンは「マイ・ブック」になる

複数のメモアプリを使い分けて「メモライフ」を楽しむ

複数のメモアプリを使い分ける

筆者が使用しているその他メモアプリを紹介します。我ながらたくさんのメモアプリを使っているものだと感心します。

- AndroNoter……オンライン同期するメモアプリ
- 2gaibu……高機能で動作が軽いメモアプリ
- 瞬間日記……日記形式メモアプリ
- トリカゴメモ……プライベートTwitterアプリ

それぞれのアプリの特徴を簡単に解説していきます。

オンラインでメモを「Simplenote」

「Simplenote」はクラウド上にテキストデータを保存できるウェブサービスです。シンプルなUIで文章をクラウドで書くには使いやすいサービスです。文章はEvernoteと分けた方がいいと考えて使っています。

主にブログの下書きに使っています。文章を書くのに文字数カウント機能があるのも便利です。

Simplenoteと同期するメモアプリ

Androidでは、Simplenote純正のアプリがありません。その替わりに、Simplenoteと同期可能なサードパーティー製のアプリがいくつかあります。

◉シンプルなUIで執筆に集中しやすいSimplenote

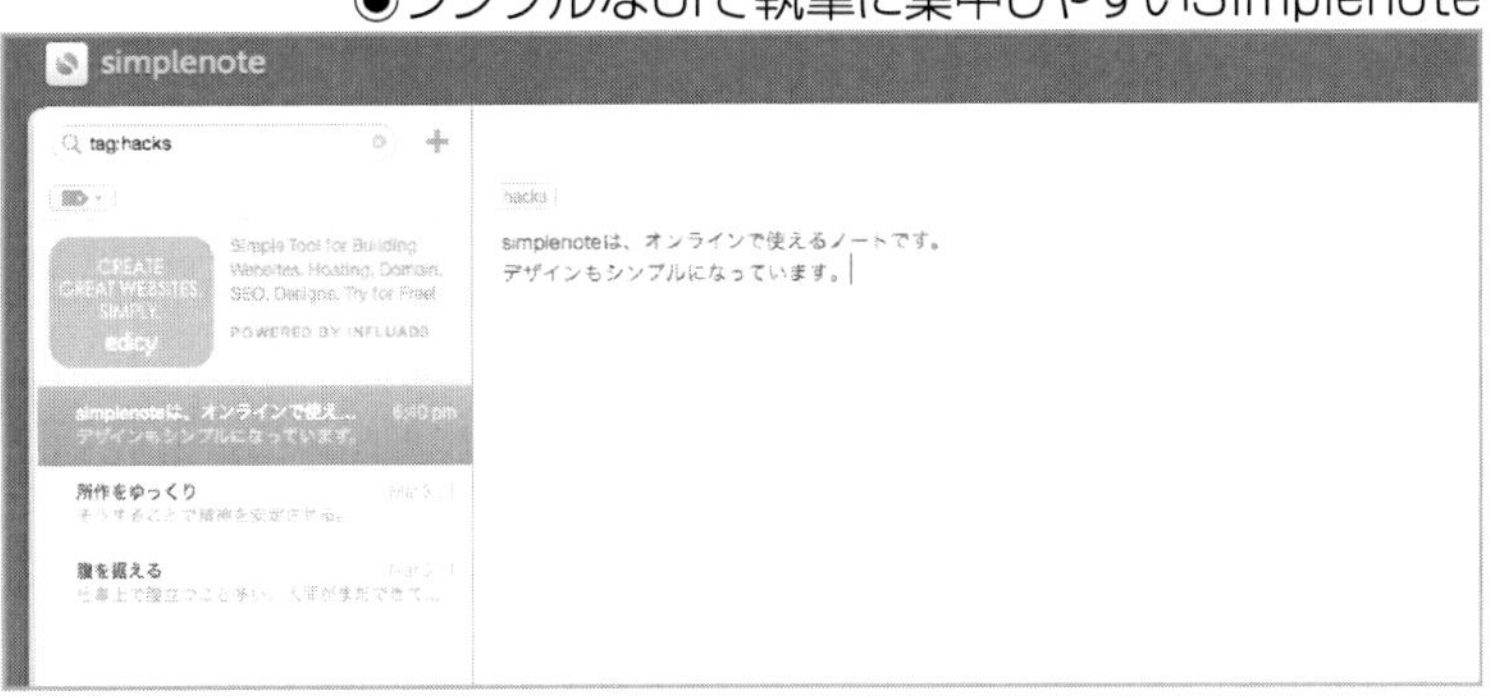

Webサービス情報
Simplenote
- ジャンル … オンラインメモ
- 提供元 … Simperium
- 価 格 … 無料(プレミアム版$19.99/年間)

URL http://simplenoteapp.com/

筆者は「AndroNoter」というアプリを使っています。AndroNoterはSimplenoteと同期するメモアプリです。シンプルなUIで広告表示がないという特徴があります。

Simplenoteの文字数カウント機能情報をAndroNoterでも確認できます。

パソコンではSimplenote、AndroidではAndroNoterを使ってブログの下書きをしています。ブログに投稿した後は文章の最初に「■」という記号を入れて、投稿したかどうかわかるようにして保存しています。「■」は「すみ」で単語登録しています。「済み」という意味で、ブログのバックアップにもなります。

◉AndroNoterのノートリスト表示

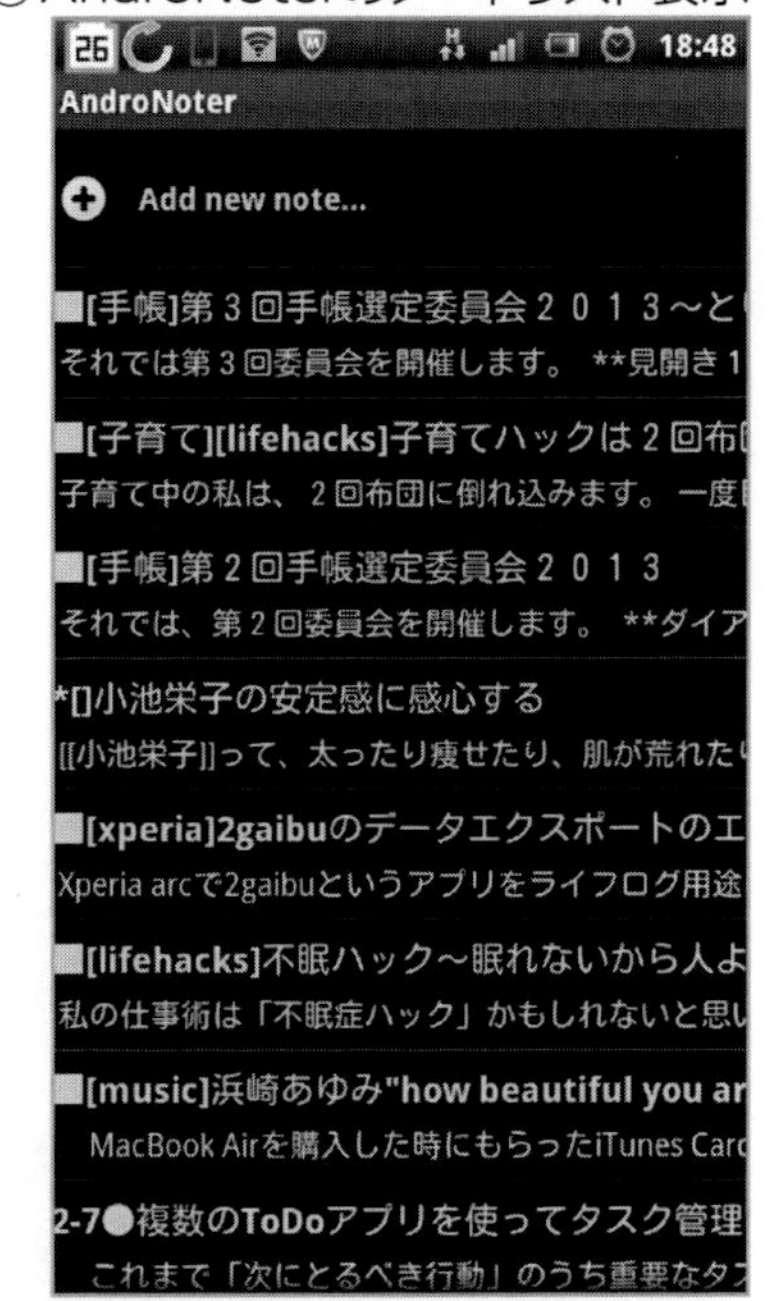

●ジャンル ･･･ メモ管理
●提供元 ･･･ Cristian Anca
●価 格 ･･･ 無料

2gaibu-ローカルで軽いメモアプリ

「2gaibu ― 手の中の外部記憶」(以下、「2gaibu」)というアプリは筆者が注目しているメモアプリです。2gaibuは基本的にはテキスト中心のデータベースアプリです。2gaibuというアプリでテキスト情報をどんどんメモしてデータベースを作っていきます(Android端末内の写真にコメントをつけることも可能です)。

データはXML形式なので汎用性があります。また、Android端末のローカルにデータがあるので表示なども速く行うことができます。

2gaibuのみで使うことが可能ですが、その他のさまざまな機能拡張アプリを使

◉2gaibuの画面

外部記憶
何をしますか？
全一覧表示
ラベルを選択
写真にコメント
新規メモ入力

Androidアプリ情報
2gaibu - 手の中の外部記憶

- ジャンル ･･･メモ管理/データベース
- 提供元 ･･･ TRITECH INC.
- 価 格 ･･･ 無料

うことでデータベースをより使いやすくすることができます。

- 「2gaibu List」⬇表示機能拡張
- 「2gaibu ScratchPad」⬇メモ帳
- 「2gaibu Date」⬇カレンダー表示

◉2gaibuの機能拡張「2gaibu Date」

「2gaibu List」はメモの表示を高速化してくれるインターフェイス機能拡張アプリです。データは2gaibuのデータベースを参照します。「2gaibu ScratchPad」は、メモ帳のインターフェイスを持つ機能拡張アプリです。2gaibu Listや2gaibu ScratchPadを使うとメモを表示した際にリストに戻ることなく前後のメモに切り替えることができます。地味に便利な機能です。次々とメモを切り替えながら参照することができます。

「2gaibu Date」は2gaibuのメモをカレンダー形式で表示するアプリです。日付でメモを探すのに便利です。基本はメモを作成した日付に紐付けされます。2gaibu

Dateからだと任意の日付に紐付けしたメモを作成することができます。スケジュール管理としても使うことができます。筆者は、2gaibu Dateがリリースされてから、2gaibuをライフログ的に使うようになりました。

2gaibuでライフログを実践する

2gaibuを使ってライフログを行うには次のようにします。

- メモ入力のショートカットをホーム画面に設置
- 思い付いたことをワンタップですぐにメモする
- 2gaibu Dateで日付を元にメモを探す

通常は、メモ入力のショートカットをホーム画面のドックに置いています。こうすることですぐにメモをすることができます。

後からメモを探す時は、2gaibu Dateで日付を元に探します。1年前の同じ月にジャンプできるので、去年の今日のメモなどをすぐに参照できます。

それまではPostEverでEvernoteにライフログ的なメモをしていました（152ページ参照）。しかし、Evernoteの場合、Androidで参照するには通信を行うために少し時間がかかります。2gaibuだとメモが端末ローカルにあるためにすぐにメモを探すことができます。

瞬間日記で日記をつける

「瞬間日記」というメモアプリがあります。その名の通り日記をつけるためのアプリです。今まで紹介してきたメモアプリがどれも男性的なデザインのものでしたが、瞬間日記は女性にも好まれそうなUIになっています。これもライフログ

◉瞬間日記の一覧画面

◉瞬間日記のカレンダー表示

に使えそうなアプリです。

リスト形式とカレンダー形式の表示切替、検索機能などの基本的な機能は備えています。画像を添付して写真日記にもなります。パスコードで日記をロックして他人に読まれないようにすることができます。

筆者は秘密の内容を書く日記として利用しています。

バックアップはメール送信機能を利用しています。日付の範囲を指定して任意のアドレスへメールで日記の内容を送ることができます。月に一度、前月分を自分のGmailアドレスへ送信してバックアップとしています（誤って他人のアドレスに送らないように注意しないといけません）。

2gaibuとは次のように使い分けています。

● 通常のライフログ ⬇ 2gaibu

● 秘密の日記 ⬇ 瞬間日記

Androidアプリ情報

瞬間日記

- ジャンル … ライフスタイル
- 提供元 … Utagoe Inc.
- 価格 … 無料

トリカゴメモでプライベートTwitterを実践する

「トリカゴメモ」は個性的なメモアプリです。名前もそうですが、鳥が籠に入ったアイコンからもTwitterを意識して作られているようです。Twitterに似たインターフェイスですがローカルで使用します。一言で言えば「プライベートなTwitter」ということになるでしょうか。

思い付いたことを脊髄反射的にTwitterにツイートするとトラブルの元になるかもしれません。そういう時は、トリカゴメモにツイート＝メモする習慣をつけるといいかもしれません。自分がメモした内容だけがTwitterのタイムラインのように表示されます。検索機能もあるので過去のメモを探すこともできます。

特徴的なのが、トリカゴメモのメモをダイレクトにTwitterに投稿する機能です。メモをあらかじめ設定したアカウントでツイートすることができます。手順は簡単です。

● メモを長押しする

Androidアプリ情報

トリカゴメモ

- ジャンル…メモ管理
- 提供元… setomits
- 価 格… 無料

- メニュー画面から「Twitterにポスト」を選択
- これだけでツイート完了です

「Twitter投稿機能があるので、「Twitterの下書きとしても使うことができます。思い付いたキーワードなどをメモしておいて、後で編集して整えてからツイートするといいでしょう。

また、タイムラインのような表示をフリックで流し読みしながら、アイデア出しに活用するのもよさそうです。

筆者は俳句や短歌のようなものをメモしておくのに使っています。気に入ればそのままTwitterに投稿しています。

◉1人Twitterのようなトリカゴメモ

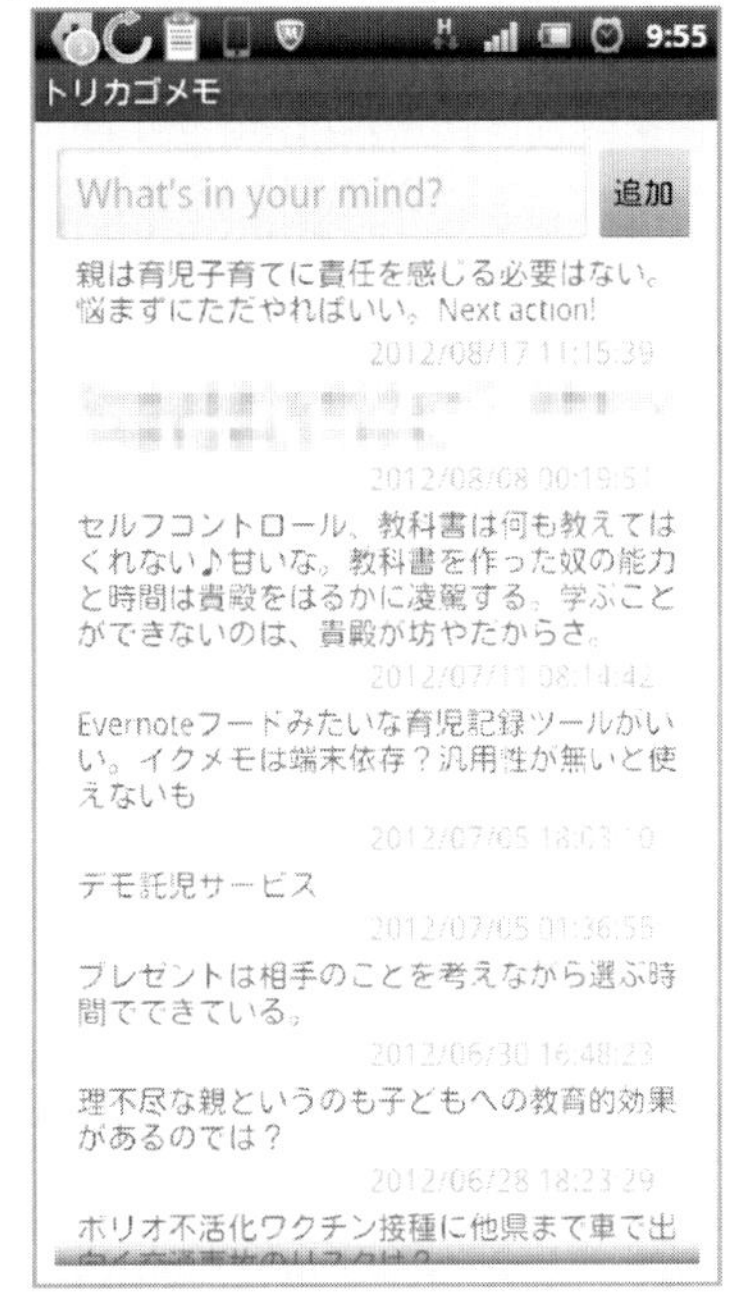

◉トリカゴメモのメニュー画面

9:56
トリカゴメモ
編集
もう一度追加する
コピー
削除
文字数
共有
Twitterにポスト
ポリオ不活化ワクチン接種に他県まで車で出

メモを長押しするとメニューがポップアップ表示される

「多メモアプリ派」のススメ

「多メモアプリ派」というあり方

これまでに見てきたように筆者は複数のメモアプリを使い分けています。いわば「多メモアプリ派」というスタイルです。

セクション13では「多ToDoアプリ派」のあり方について書きました。同様のスタイルをメモアプリについても実践し、「多メモアプリ派」と呼ぶことにします。引用した和田哲哉さんが「多ノート派」について言っているように「動機づけを明確にしつつ上手に」メモアプリを使い分けることができればいいでしょう。

筆者は「多メモアプリ派」を自認しているので、気になるアプリがあればどんどん試しています。Androidアプリの場合、有料アプリでも無料版や試用版が存在する場合が多いようです。試用して気に入れば購入を検討するといいでしょう。

また、筆者はメモアプリのみならずアナログツールも使っています。いったいメモツールはいくつになるのでしょうか。

メモアプリの使い分け

「多メモアプリ派」としてメモアプリの使い分けは、コンテキストや機能、目的によって使い分けることが多いです。たとえば次のような使い分けになっています。

- Evernote ⬇ ウェブのスクラップブック
- Catch ⬇ よく使うメモ
- テキストファイル ⬇ 業務メモ
- twicca ⬇ Twitterで共有するメモ
- スマホのカメラ ⬇ 画像メモ
- Simplenote（AndroNoter）⬇ ブログの下書きなどの長文作成
- 2gaibu ⬇ ライフログ
- 瞬間日記 ⬇ 秘密の日記
- トリカゴメモ ⬇ 短文メモ

これらの使い分けは迷うことが無く並立しています。しっかり自分の中で「動機づけ」ができているからでしょう。よく言われる「ポケット一つ原則」(51ページ参照)も原則ではあるのですが、ストレスが無ければ複数のメモアプリを使ってもまったく構わないと思います。

「デジタル」と「アナログ」を気分で使い分ける

一方、デジタルツール(スマホ)とアナログツール(薄いメモ帳、モレスキン)の使い分けは「気分」です。

スマホのようなデジタルツールはあまり長時間使っていると疲れます。仕事でパソコンを使い長時間ディスプレイを見てさらにスマホの小さい画面を見るのはうんざりすることがあります。そこで仕事から帰宅してからは、スマホの使用を少なくしてアナログツールを多く使うように心掛けています。

- 薄いメモ帳 ➡ タスク管理
- モレスキン ➡ ライフログ、日記

翌日以降の仕事のタスクについてもいったん「薄いメモ帳」にチェックボックス付きでメモしておいて、翌朝、適切なデジタルツールに転記したりしています。

また、手書きということは、同じ言葉でも手の動きが違ってきます。手書き、キーボード入力、フリック入力など。動きが違うことで脳への働きかけが違う気がします。文字の形も違って、脳へのインプットも異なってくるでしょう。違う動きや形でインプットすることで定着度が増す気もします。

気分に従って自分のフォームを見つけよう

筆者は「気分」は馬鹿にできないと考えています。気分も個人の人生経験に裏打ちされた感情だと思うからです。

どんなに合理的なやり方であっても、気分にフィットしなければ結局はうまくいかない気がします。やはり、自分に合ったフォームを自分で見つける必要がありそうです。

その意味でも「多メモアプリ派」は理にかなっています。いろいろなツールを試してみて、もしツールを一元化した方が気分にフィットするのであれば、それはその人のフォームになるのだと思います。

無理に「多メモアプリ派」である必要もなく、無理にメモの一元化をする必要はないということです。「気分」に従い、アプリの使い方も変化しながら試行錯誤すればいいと思います。

CHAPTER 4
スマホで自動的に「情報」を収集する

スマホで「いつでもどこでも」情報収集

スマホを情報収集にフル活用する

CHAPTER-2でタスク管理、CHAPTER-3でメモすることについて書いてきました。CHAPTER-4は「情報収集」について書いてみます。タスクを管理して、メモをして、そして情報収集をうまくやる。これらをこなせばビジネスパーソンとしてある程度の成果を出せるのではないでしょうか(いわゆる「成功」する方法というのは筆者もわかりません)。

筆者は次のような情報収集のやり方をしていますが、これは絶対ではありません。今回、自分の情報収集の原則を次のように洗い出しました。

- 情報はどんどん頭に流し込む
- 情報はすぐ使ってみる

スマホで情報収集の原則

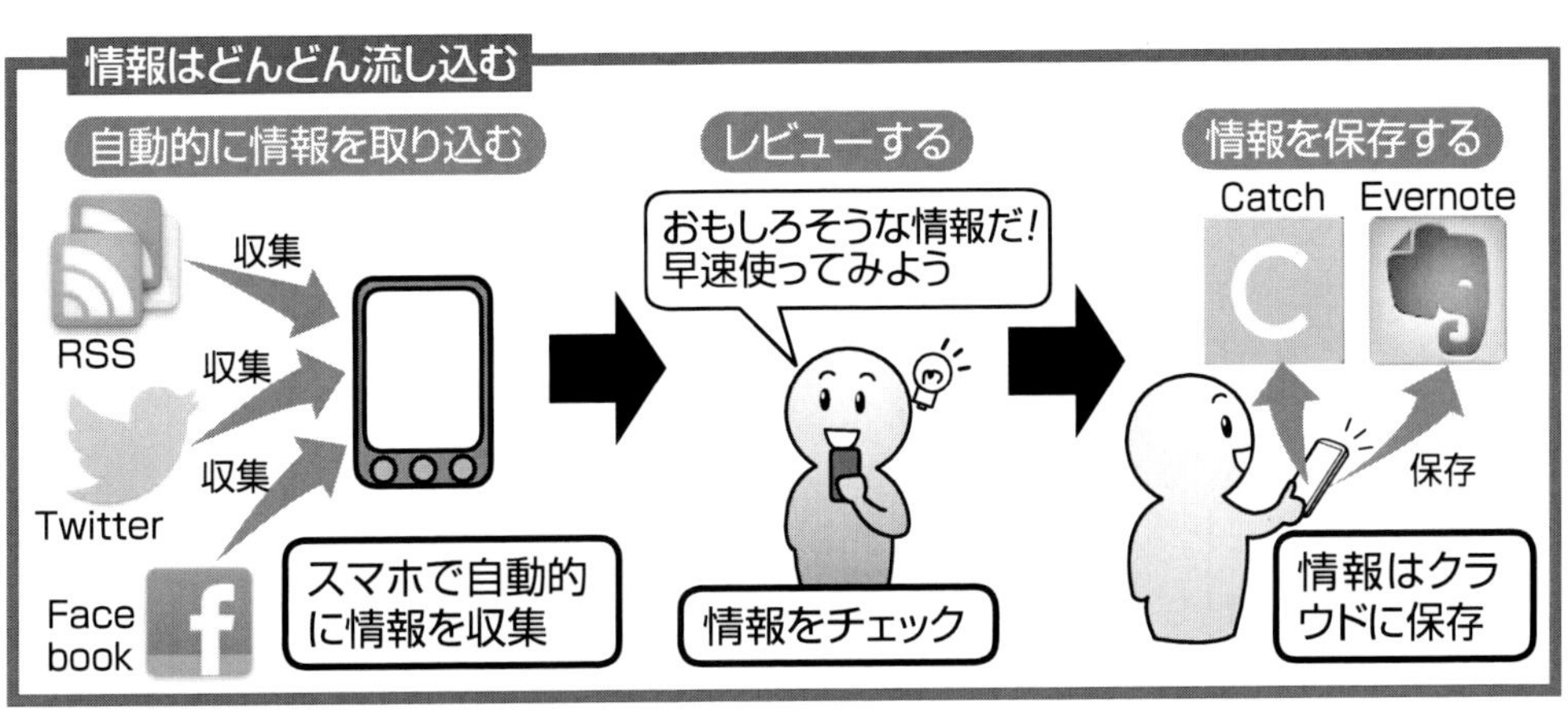

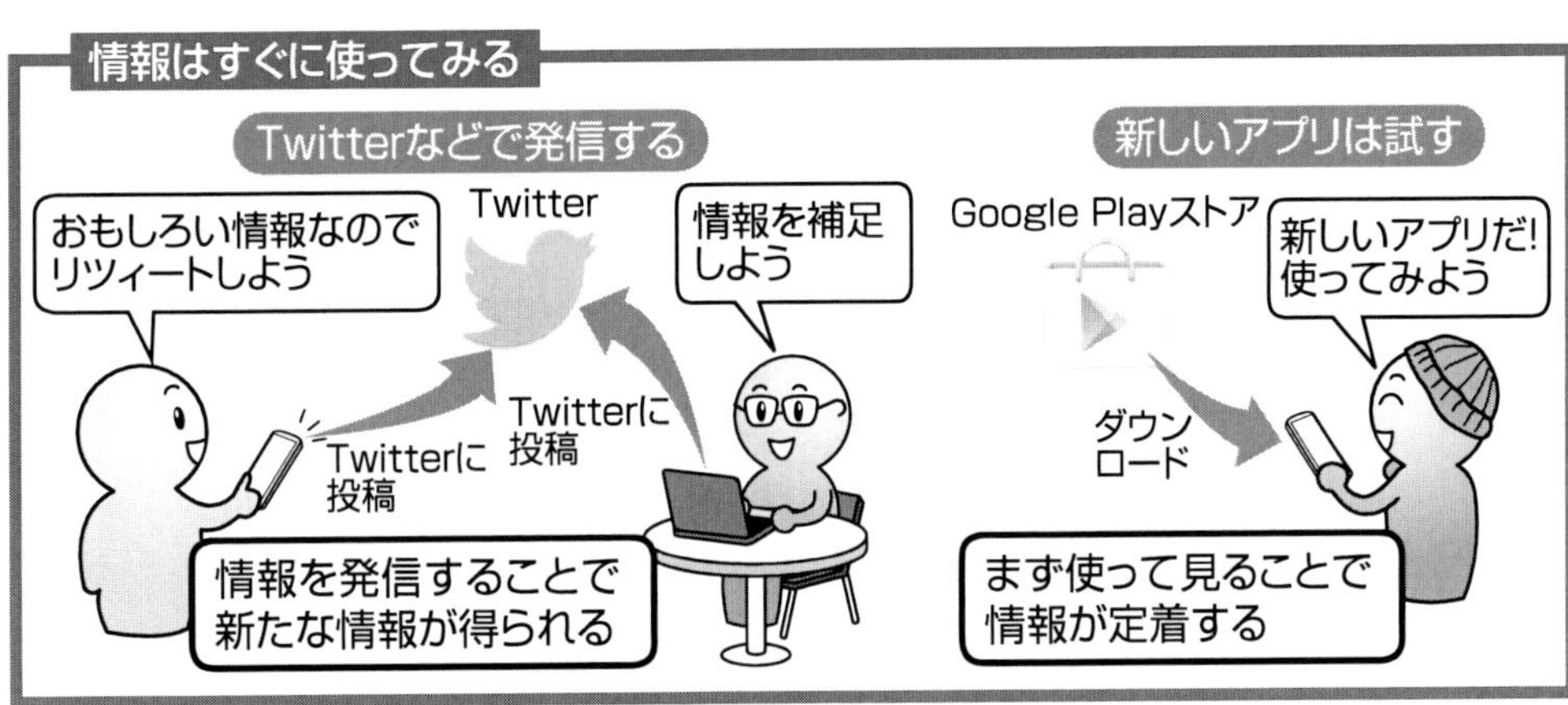

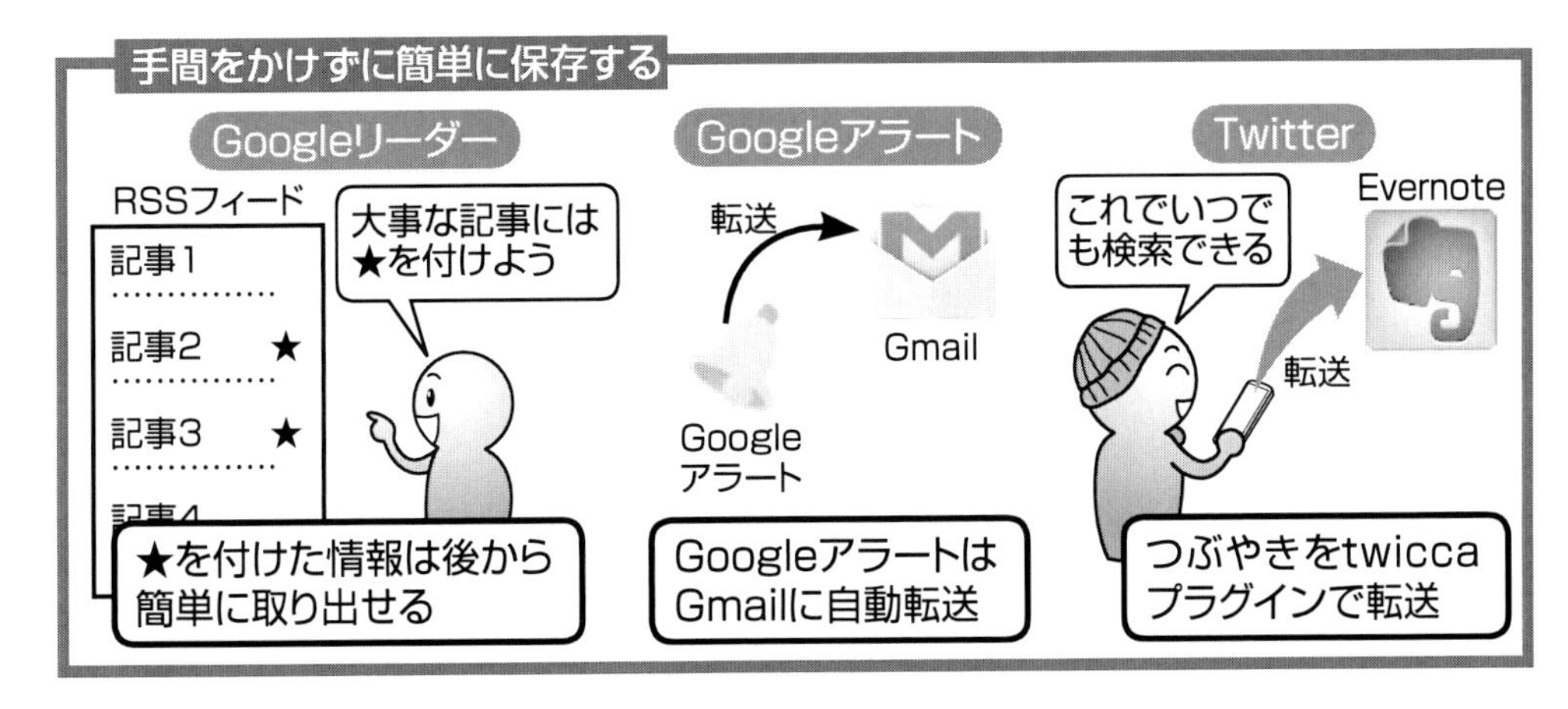

●必要なときに探せるように簡単に保存する

それぞれについて詳しく見ていくことにします。

情報はどんどん頭に流し込む

筆者には情報を覚えようとする気がありません。情報を覚えることは、大学入試が終わってから放棄しています（公務員試験の勉強では暗記という意識は捨てて勉強しました）。ほとんどの情報は、その気になればすぐに調べることができるからです。Google登場以降の時代に暗記へ脳のリソースを使うのは合理的ではないのではないでしょうか。いつも思い出すのは、アインシュタインのエピソードです（真偽は定かではありません）。

アインシュタインは自宅の電話番号を覚えていなかったそうです。その理由を聞かれると、電話帳に載っていて調べればわかるものを覚えたりしないと答えたそうです。

情報はストックするものではなく、フローだととらえ、どんどん自分の頭に流し込んでいます。そういった方法について、今回、筆者は「バロウズ方式」と勝手に命名しました。この方式については次のセクションで詳しく説明します。

また、情報に対しては、一期一会の精神で臨んでいます。情報を見たその場で頭に流し込むことに集中します。入ってこなかった情報は縁がなかったと諦めます。定着しなかった情報も今の自分に不要だったのだと考えています。

情報の質にはこだわらずに、量をどんどん頭に流し込んでいます。

情報はすぐ使ってみる

情報は覚えずに、一期一会で摂取していますが、新しい情報はすぐに使うように心掛けています。情報は、覚えるのではなく、使うことで自分のものになると考えているからです。たとえば次のようなことを実行しようとしています。

- すぐにTwitterでつぶやく
- ブログに書いてみる
- エクセルの関数はすぐに使ってみる

●おもしろそうなアプリはすぐにインストールしてみる

おもしろい情報はすぐにTwitterでつぶやいています。人に伝えることで情報が自分のものになる気がします。間違っていたら教えてもらえます(スルーされるかもしれませんが)。

また、ツイートはTwilog(セクション24)に自動的に保存されるので情報のログにもなります。

ブログに書くのも同じことです。ブログの場合は記事に仕上げるのにさらに調べたりするので、より情報が深く定着します。こちらも読者から反応を得られることがあります。ブログ自体がデータベースになります。

仕事では、エクセルで新しい関数を知ったらすぐに使ってみます。これも使わないと定着しません。

そして、スマホではおもしろそうなアプリを見つけたら、すぐにインストールしています。たいていのアプリには無料版や体験版があります。しばらく使ってみて不要だと判断したらアンインストールすればいいのです。

必要なときに探せるように簡単に保存する

情報に対して一期一会で臨む、と書きましたが、必要なときには探し出せる方がベターです。しかし、保存に手間はかけたくありません。そこで、手間のかからないツール、手間のかからない方法を自然と求めています。

たとえば次のような方法です。

- 「Googleリーダー」はスターを付けるだけ(セクション31参照)
- 「Googleアラート」は自動でGmailに送られる(セクション32参照)
- 「Twitter」のツイートはtwiccaプラグインでEvernoteに送る(セクション33参照)

これらの方法については、アプリとの連携も含めて後ほど各セクションで具体的に説明します。

情報収集は「できるだけ楽なスタイル」で

以上のような情報収集の原則を踏まえて、情報収集のコツのようなものが浮かんできました。ポイントは、できる限り楽な情報収集がいいということです。楽をしたい、という思いはライフハックの原点だと思います。

● できる限り自動化する
● できる限り他人の頭を使う

情報収集はできる限り自動化して、意識せずに情報が集まる仕組みを構築するようにします。スマホやウェブツールなどを活用すればそれが可能です。

また、できる限り他人の頭を使うのもおすすめです。たとえば、次のようなツールはそれを可能にしてくれます。

● 「Togetter」で他人がまとめてくれたTwitterのタイムラインを読む（セクション34参照）
● 「はてなブックマーク」で話題の情報を得る（セクション34参照）
● 「NAVERまとめ」でまとまった情報を得る（セクション34参照）

●「Facebook」でリアルな情報を集める(セクション35参照)

このようなソーシャルツールについても、アプリを活用しながら具体的に説明します。

無理をしないシンプルな情報収集と活用の考え方

「バロウズ方式」を使った情報収集

ビジネスパーソンにとって情報収集というのは、抱えている問題を解決するためやアイデアの素を見つけるために行うものです。この問題解決やアイデア出しの方法はいろいろあります。筆者はいろいろ試しましたが、現在はシンプルな方法に落ち着いています。そのシンプルな方法を今回「バロウズ方式」と名付けてみました。

具体的にアプリを使った情報収集について書く前に「バロウズ方式」について説明しておこうと思います。

「バロウズ方式」とは

「バロウズ方式」のバロウズとは、アメリカのビート・ジェネレーションを代表する作家であるウィリアム・S・バロウズのことです。「バロウズ方式」とは、そのバロウズの代表作『裸のランチ』の一節にインスピレーションを受けた筆者が実践している問題解決、アイデア出しの方法です。一節を引用してみます。

おれは座席に深く腰をすえて、無理に考えようとしないで自然に頭を回転させるようにした。頭はあまりに激しくこづきまわすと、充電し過ぎた配電盤のようにこわれたりして、いうことをきかなくなる…… それに、おれには誤りをおかす余裕はない。アメリカ人は自分が手を出すのをやめて、勝手にどうにでもなるように物事をほっとくのが非常にきらいだ。彼らは自分で自分の胃の中に飛びこんで食物を消化し、糞をシャベルでほじくり出したがる。
たいていの問題は、ゆったりと楽にかまえて解答を待つようにすれば、自分の頭がひとりでに答えてくれるものだ。例の考える機械のように、問題をほうり込んで、ふところ手をして待っていればいい…… （ウィリアム・バロウズ『裸のランチ』河出文庫、２９４頁より）

前後を読んでもらえればわかりますが、バロウズは問題解決やアイデア出しの方法を書いたわけではありません。この箇所を読んだ筆者が勝手に作った方法です。

やり方は簡単です。

- **情報を頭に入れて放置する**
- **自分の頭が何か思い付くのを待つ**

まずは情報をとにかく大量に頭に入れます。このとき、覚えたり考えたりしないようにします。

そして、後は放置です。無理に考えようとすると問題が悩みになってストレスがかかるので、積極的には考えないように心掛けます。そうはいっても、問題は自然と頭に浮かんでくるでしょう。それはそのままの流れに任せます。

ポイントは自分の頭を「自動機械」としてとらえることです。頭は勝手に動いてくれるものです。そのうちよいアイデアが勝手に浮かぶかもしれません。

問題解決やアイデア出しは、頭に任せるのが一番効率的なのではないかと考えています。何より、シンプルなやり方がいいのです。

問題が勝手に解決することもあります。問題解決に動いているのは自分だけではありませんし、また問題が勝手に解消してしまうことも意外とあります。

この「バロウズ方式」とスマホがあれば、記憶力なんて必要ない気がします。必要なのは、情報やアイデアを「引き出す力」ではないでしょうか。

「バロウズ方式」とGTD

自分の頭の中にどんどん情報を入れる「バロウズ方式」は、頭の中にある気になることを頭の外に出すGTDと矛盾するような気がします。しかし、筆者の中では矛盾してはいません。というより、矛盾しているかどうかはどうでもよくて、GTDとバロウズ方式がストレスなく両立できているので、それでかまわないと考えています。

あえて整理すると次のようになるでしょうか。

- タスク……頭の外に出して「信頼できるシステム」で管理する
- その他……頭の中に放り込んで後は脳が自動で考えるのに任せる

つまり、確実に実行する必要のあるタスクはGTDで管理しますが、それ以外のアイデアなどの雑多な情報は自分の頭に任せるやり方です。これは常識とは反対かもしれません。

「やるべきことは忘れないようにしっかり覚えておく」「アイデアなどはメモして忘れてしまう」、それが一般的なやり方かもしれません。

筆者のやり方はそれぞれ反対になっています。やるべきことはGTDのシステムに任せる。アイデアなどは、自分の頭に任せる。まとめると次のように言えるのではないでしょうか。

自分の頭は、タスクを管理する秘書としてはいまいち信用できないが、情報を「放牧」しておけばおもしろいことを考えてくれる「自動機械」である

「オフィス@スタバ」という方法

この「バロウズ方式」がもっとも機能するのが、筆者にとってはスターバックスコーヒー（以下「スタバ」）という場所です。68ページでも触れた、自宅でも職場でもない第3の場所、いわゆる「サードプレイス」です。

たとえば本書の執筆など、アイデア出しが必要な場合、「オフィス@スタバ」という方法を好んで実践します。オフィス@スタバの「スタバ」は、各自の好みで「モスバーガー」でも「ルノワール」でもかまいません。要するにサードプレイスで作業を行うやり方です。オープンなカフェなどで人通りを眺めながらおいしいコーヒーを飲んでいるといろいろアイデアが出てきそうです。アイデアは数が勝負です。誰にも見せないアイデアでも、つい自主規制が入ってしまいます。そこを突破するためには、心をオープンにしてつまらないことでもどんどんメモ

◉MacBook Airを中心とした「オフィス@スタバ」

することが必要です。

スタバは、公衆無線LANサービスが利用できるのも重要です。また、テーブルにMacBook Airを広げて長時間作業することも可能な雰囲気なので、気になることはインターネットですぐに調べることができます。Evernoteなどのクラウドサービスに入れてある資料も使って執筆もはかどります。

スタバ以外のサードプレイスでは、MacBook Airのようなノートパソコンを広げて長時間作業することがはばかれる場所もあります。そのような場所では、Androidなどのスマホが便利です。ノートなどのアナログツール中心の作業をスマホで補助する感じだとそれほど気兼ねすることもないでしょう。

オフィス@スタバで思い付いた仕事のタスク処理

筆者は営業職ではなく、デスクワーク中心の仕事ですが、ときどき帰宅途中にオフィス@スタバを実践します。リラックスした気分でアイデア出しは自由なので、もちろん仕事のことも思い付きます。そんなアイデアやタスクはメールで職場アドレスへ送っておきます。出社時にメールチェックを必ず行うので思い出すことができます。

筆者が最近よく使うのは「Quick Checkpad」というアプリです。Quick Checkpadは「check＊pad」（セクション13）へのリスト追加を簡単に行う機能に特化したシンプルなアプリです。仕事のタスクを思い付いたら、このアプリでcheck＊padに送っておけば、毎朝、check＊padを確認するのでタスクの漏れがなくなります。

◉シンプルなQuickCheckpadの画面

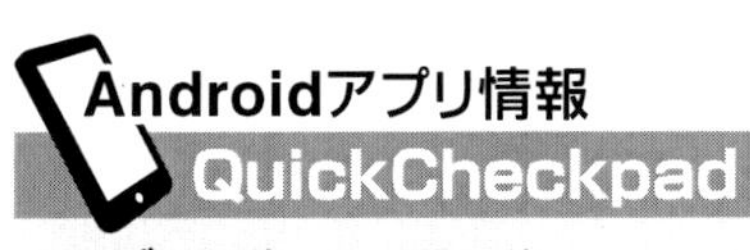

●ジャンル ・・・ ツール
●提供元 ・・・ m-ken
●価 格 ・・・ 無料

「Googleリーダー」でシンプルに情報収集する

ネットの情報収集の基本「Googleリーダー」

情報収集のツールとして、筆者が一番使っているのは「Googleリーダー」です。Googleリーダーは、Googleが提供するウェブベースのRSSリーダーです。ツールとしては新しいものではありませんが、今でもRSSリーダーは便利です。

ブログなどでは更新情報をRSSフィードという形式で出力しています。RSSリーダーは、そのRSSフィードを定期的にチェックしてくれるツールです。RSSフィードを出力するサイトをRSSリーダーに登録しておけば、わざわざ更新を確認しにいく必要がありません。RSSリーダーを使えば、情報収集の自動化が可能です。

以前は、仕事関係の情報を別のRSSリーダーでチェックしたりしていましたが、現在はすべての情報源をシンプルにGoogleリーダーにまとめています。

Googleリーダーを使った情報収集フローは次のようになっています。

- スマホで記事を読む（一次チェック）
- 気になる記事にはスターを付ける
- 後でパソコンからGoogleリーダーを使ったときにスター記事を読み返す（二次チェック）
- 保存しておきたい記事はEvernoteにクリップする

「スキマ時間」に一次チェックする

インターネットにつながったパソコン環境では、文章を作成するなどのアウトプット作業をメインにしたいところです。Googleリーダーの未読チェックにあてるのはもったいない気がします。そこでGoogleリーダーはAndroidアプリを使っ

◉Googleリーダーの画面

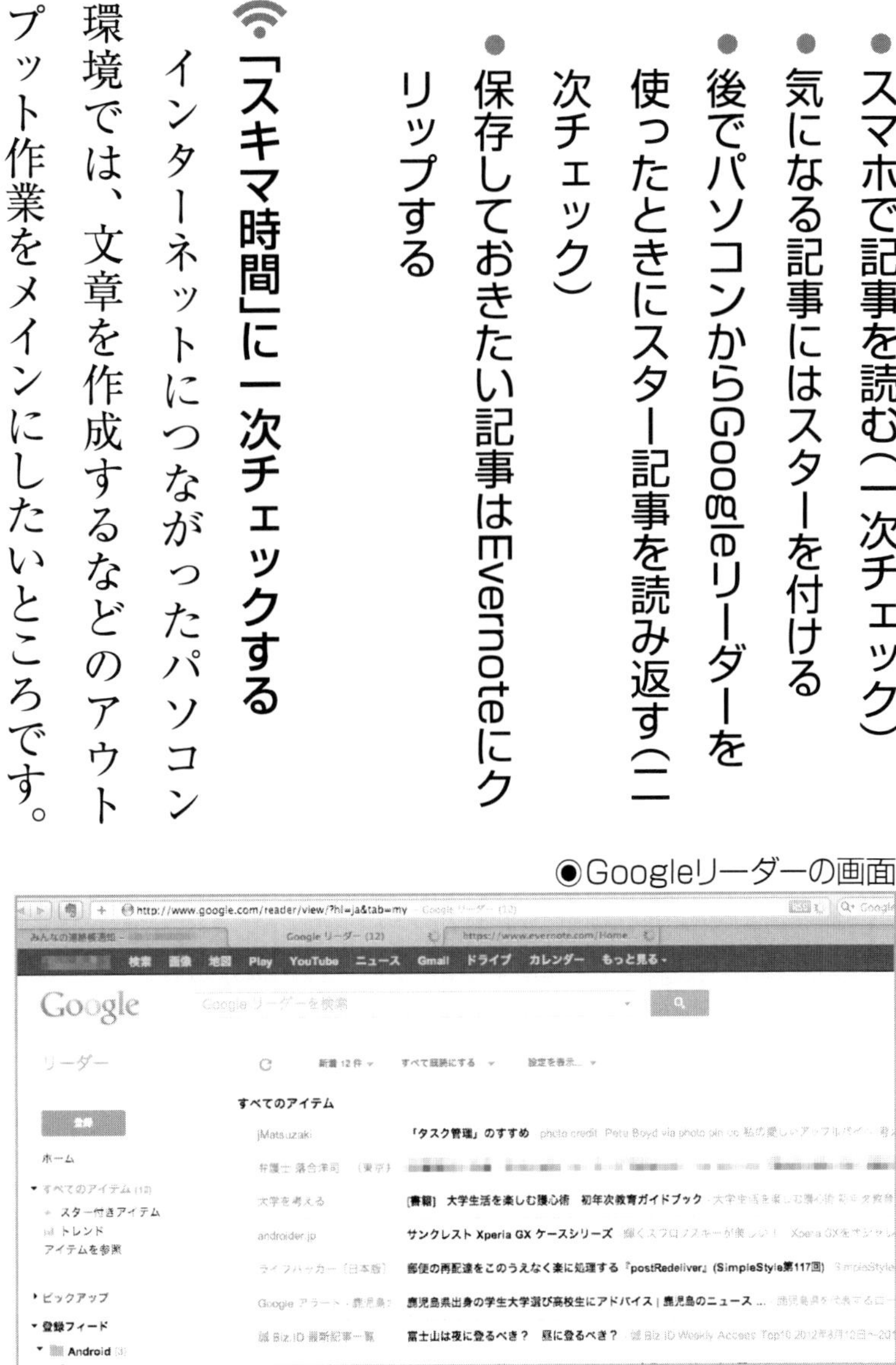

Webサービス情報

Google リーダー

- ジャンル … RSSリーダー／情報収集
- 提供元 … Google Inc.
- 価 格 … 無料

URL http://www.google.co.jp/reader/

て「スキマ時間」に一次チェックしています。アプリはGoogleリーダーと同期する「gReader」を使っています。スマホであれば通勤電車内などで手軽に未読フィードをチェックすることができます。

gReaderはGoogleリーダークライアントアプリです。Googleリーダーと同期することで同じ記事を閲覧することが可能です。無料ですが、広告表示がないPRO版もあります。筆者がgReaderを推すポイントは次のような点です。

- 記事の全文表示機能
- オフライン機能
- 動作の軽さ

◉広告表示がないgReaderPro

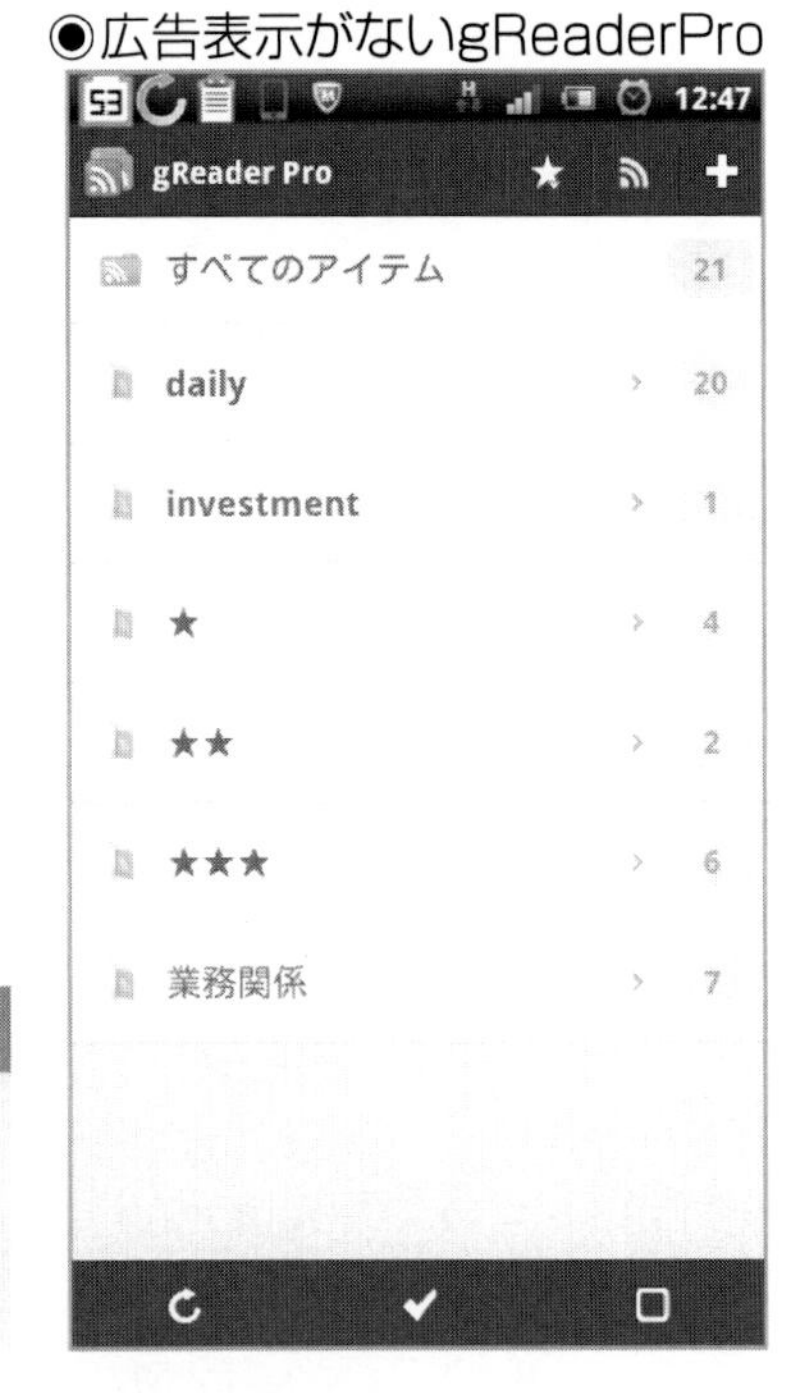

Androidアプリ情報
gReader

- ジャンル ・・・ RSSリーダー/情報収集
- 提供元 ・・・ noinnion
- 価 格 ・・・ 無料/PRO版 429円

●Facebookへの投稿機能

RSSフィードには記事の全文が表示されないこともよくあります。gReaderはそのような場合もアプリ内でブラウザ表示して全文読むことが可能です。また、オフライン機能もあり、記事をダウンロードしておけば電波が届かない場所でも読むことができます。何より動作が軽いのがポイントです。「スキマ時間」の一次チェックはサクサク短い時間でできる必要があります。また、gReaderを表示したままポップアップでFacebookに記事を投稿できるのも便利です。現状ではGoogleの公式アプリより使いやすいと思います。

◉gReaderから直接Facebookに投稿

◉gReaderでのブラウザ表示

13:17
★★★★★　web　feed　2/39
トップ　シリアル・ポップな日…
2009-04-21 03:49
■[gtd][moleskine]モレスキン・メモポケッツがアナログGTDツールとして華麗に復活〜GTD+R+M

使わなくなっていたモレスキン・メモポケッツ（以下「メモポケッツ」）を復活させました。

主な用途は、GTDのproject管理です。

これはザウルスSL-C1000のEBtがちょっと不安定になったことがきっかけでした。アナログでEBt代替になるものを持っておきたいというところですね。

ロディアNo.11を切り取った１枚に１プロジェクトを記入し、個別タスク（NextAction）をチェックボックスを使い記入していきます。

▼

朝の通勤電車内が主にgReaderを使うシーンです。Googleリーダーと同期して未読記事に簡単に目を通します。そして、気になる記事にはスターを付けるシンプルな読み方をしています。スターがフィルタの役割を果たします。

出社後、始業前にパソコンからGoogleリーダーをチェックします。ここでは、スターを付けた記事だけをしっかり読むことにしています(二次チェック)。gReaderでの一次チェックが済んでいるので時間が短くて済みます。

そして、本書の執筆の資料などに使う記事はEvernoteにクリップしています(セクション21参照)。後で触れますが、Googleリーダーは既読記事の検索機能も優れているので、最近ではほとんどEvernoteに保存することもありません。Googleリーダーでチェックすれば、そのままデータベースになってくれます。

「まるごとRSS」を使って全文表示する

全文表示されないRSSフィードがときどきあります。「続きを読む」と表示され、ブラウザで記事を開かないと全文が読めません。これは面倒です。gReaderにはこのようなフィードをアプリ内でブラウザ表示する機能がありますが、「まるごとRSS」

を使えばそれも不要になります。

まるごとRSSは、ウェブ上の部分配信フィード(RSS 1.0/RSS 2.0/Atom)を全文配信フィードに変換するウェブサービスです。利用は無料です。

まるごとRSSに変換したいフィードのURLを入力します。そうして出力されたRSSフィードをRSSリーダーに登録するとリーダー側で全文を読むことができるようになります。いったん登録すれば、gReaderでもブラウザ表示せずに全文を読むことができます。

◉まるごとRSSの画面

Webサービス情報
まるごと RSS

- ジャンル ・・・ 情報収集
- 提供元 ・・・ 有限会社どこだ
- 価格 ・・・ 無料

URL http://mrss.dokoda.jp/

Googleリーダーの検索機能

Googleリーダーは検索機能が優秀なので、それ自体がデータベースになります。

既読記事を全文検索できるだけではなく、スターで絞り込んだ中からの検索が可能です。つまり、自分が気になった記事から検索ができるわけです。より目的の記事を素早く探すことができるようになります。

この検索機能が優れているので、Googleリーダーで読んだ記事をわざわざEvernoteに保存する必要がありません。記事をgReaderとGoogleリーダーで2回読むことで、頭の中にひっかかりを作ります。記事はそのままGoogleリーダー内でデータベースとなります。

◉Googleリーダーで「GTD」を検索する

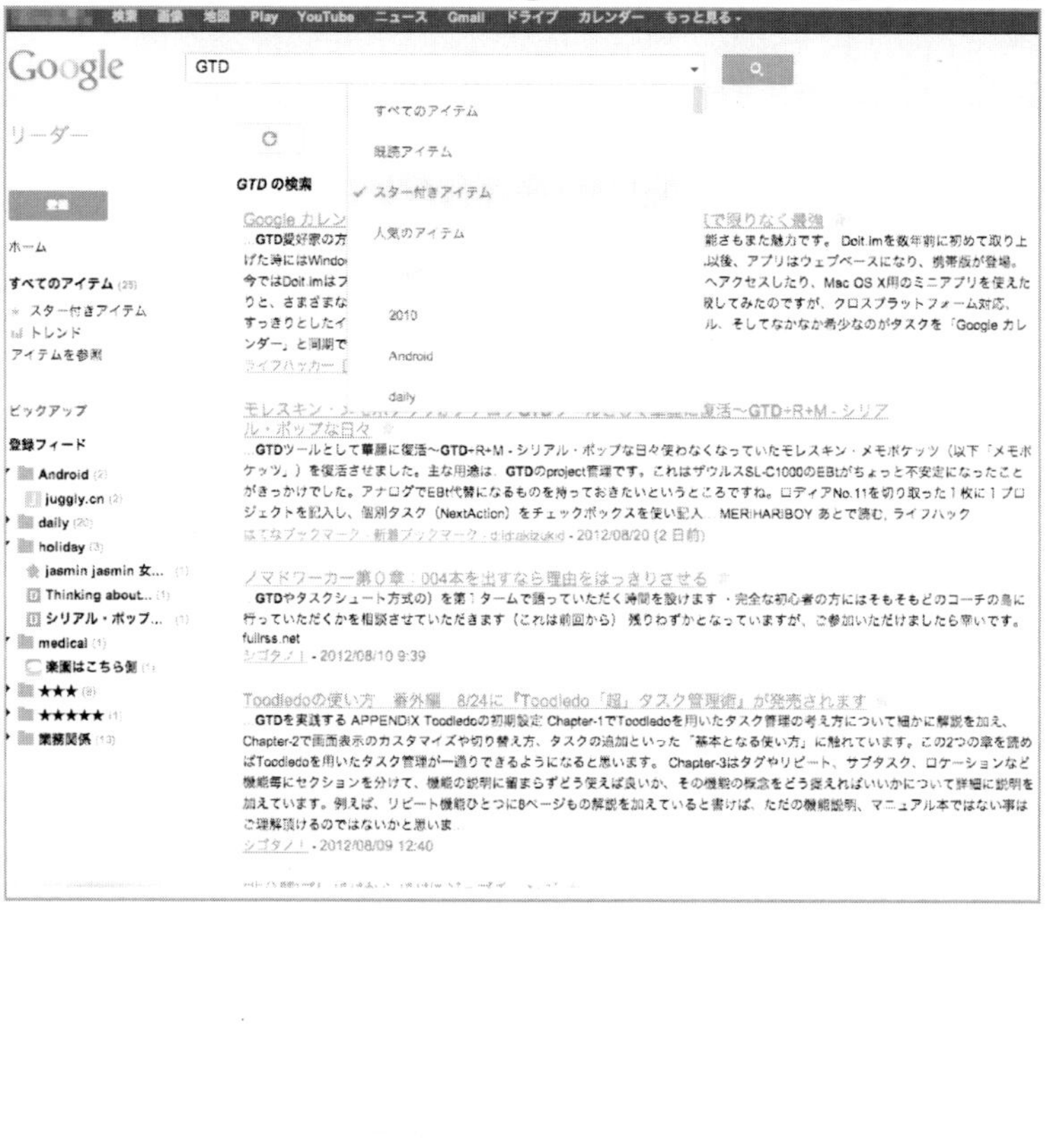

Googleリーダーの登録フィードを増やさない

最近はGoogleリーダーに登録しているフィードはほとんど変化していません。2012年9月末現在、登録フィード数は167、主なジャンルは「Android」「投資」「ライフハック」「医療」「文房具」「大学」となっています。新しいフィードをGoogleリーダーに登録する際には他のフィードを最低1つは減らすことを心掛けています。それを実践すれば、登録フィードが増えすぎることはありません。

このコツは、本やCD、服などを買うときの「整理術」の基本でもあります。1つ買うときは今持っている物を1つ以上減らすようにする。そうすることで物が増えすぎないで済みます。同じことを情報収集でも心掛けています。

この心掛けにより、自分にとって最適な情報量を調整しています。ストレスを感じたら、フィードのダイエットを検討するといいでしょう。筆者は年末にGoogleリーダーのフィードを整理することにしています。Googleカレンダーに毎年スケジュールを入れているので忘れることはありません。

情報を「Gmail」に集めてデータベース化する

Googleアラートを使って自動検索する

自動化された情報収集の方法の1つとして、筆者はGoogleリーダーの他にGoogleアラートというサービスを利用しています。そしてその他のサービスも含めて情報収集先はGmailにしてデータベース化しています。

Googleアラートは、キーワードを設定しておくとニュースや検索結果などを指定したアドレスにメール配信してくれるサービスです。筆者は個人的に気になるキーワードを登録して、Gmail宛てに送信しています。たとえば自分の所属する組織名、「運営費交付金」、「概算要求」といったキーワードを登録しています。また、送信先はメールではなく、Googleリーダーを指定することも可能です。

まずは自分の会社名などを登録してみましょう。ニュースなどをわざわざ調べなくてもメールに届くようになります。社外の人に自社のニュースを教えてもらうようなことはなくなるでしょう。

あるいは、自分の名前を登録してもよいかもしれません。筆者は先日はじめて自分の名前の検索結果がGoogleアラートで届きました。Facebookのページでした。誰かが筆者か同姓同名の人を探していたのかもしれません。また、最近は「アキヅキダイスケ」というペンネームを登録しています。

Googleアラートは、特定のキーワードに関する情報を集めるには効率的なツールだと思います。

◉Googleアラートの画面

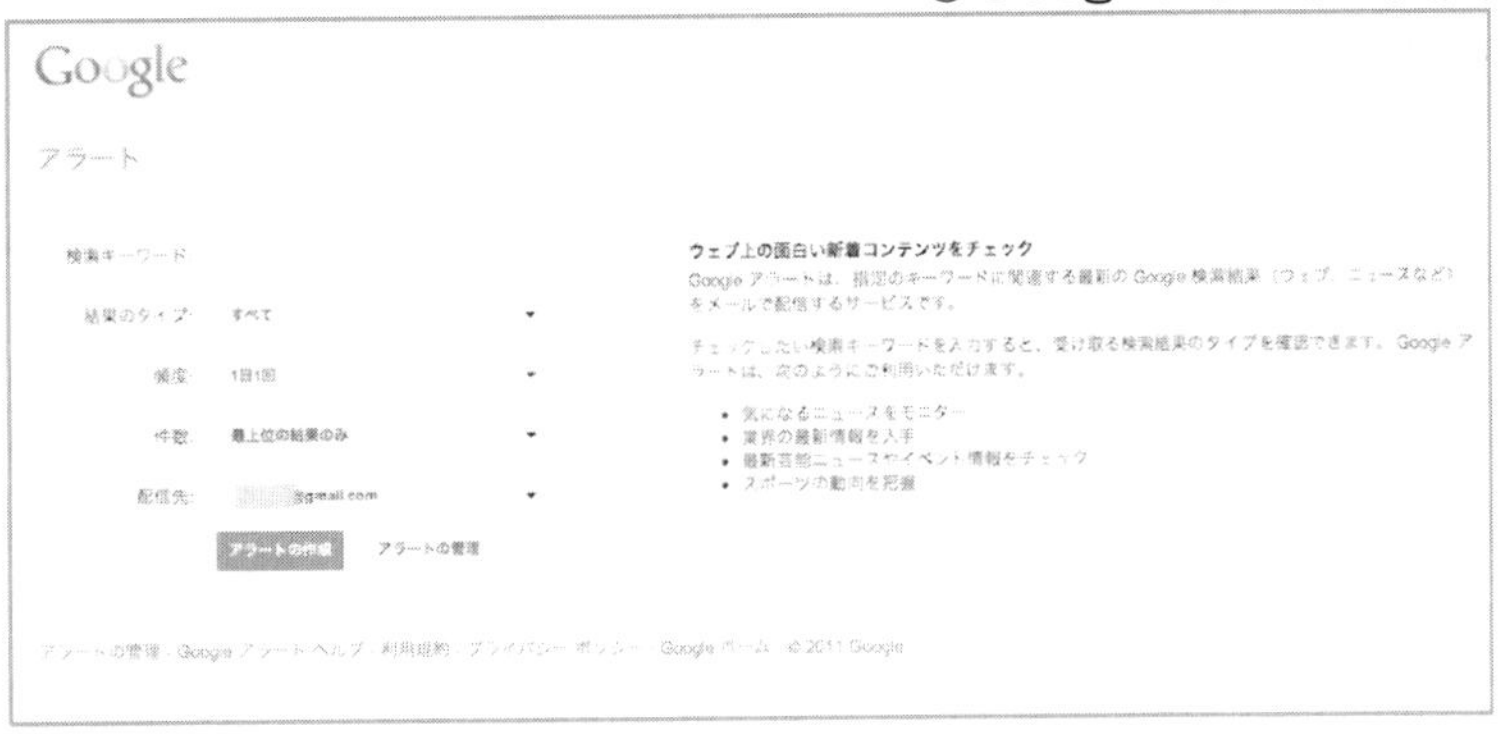

Webサービス情報

Googleアラート

- ジャンル・・・検索
- 提供元・・・Google Inc.
- 価 格・・・無料

URL http://www.google.co.jp/alerts

読みたいウェブページをGmailへ送る

「あとで読む」というサービスは150ページで少し触れました。Evernoteのクリップ機能を使うようになって使わなくなっていますが、そのシンプルさは優れています。情報をGmailに集めてデータベース化する方法の1つとしてよいかもしれません。

「あとで読む」はウェブページをメールでブックマークするサービスです。ボタンをブラウザに設置することでワンクリックでウェブページを自分が指定したアドレスに送信することができます。もちろん送信先はGmailにします。表示されているウェブページのキャッシュ全体が保存されます。ページ全体を保存するので、元のページを開くことなくメールで内容を読むことができます。

AndroidのGmailアプリは検索機能も使いやすくなっています。パソコンで見てい

◉「あとで読む」の画面

Webサービス情報

あとで読む

- ジャンル … ウェブクリップ
- 提供元 … サイトフィード株式会社
- 価 格 … 無料

URL http://atode.cc/

るページを「あとで読む」でGmailに送っておけば、外出先でGmailアプリで内容を読むことができます。加工しない情報は、Evernoteではなく「あとで読む」でGmailに送るのも一案だと思います。

データベースとしてのGmail

Gmailはメーラーとしてだけではなく、その大きな容量を活かしたデータベースとして活用するのもおすすめです。最近(2012年4月)、無料ストレージ容量が10ギガバイトまで拡大しました。5ギガバイトの容量があるオンラインストレージサービスの「Googleドライブ」と使い分けるといいでしょう。

● Gmail……ウェブページ、メールなど
● Googleドライブ……ファイルなど

◉AndroidのGmailでの検索

Gmailはアプリで全文検索機能が使えるので、中心的なツールとなります。Gmailをメールサービスとしてだけではなく、データベースとしてとらえると活用法が広がるでしょう。

たとえば、本書の原稿はテキストファイルをメールでやりとりしていますが、Gmailで送ると送ったメールと添付ファイルがそのまま原稿のバックアップにもなります。

ブログもメール投稿機能があれば、Gmailから送信すると送信したメールがブログのバックアップになります。

重要なメールはGmailに転送しておく、というのもシンプルなデータベースとしての活用法です。

一方、編集するファイルなどはGoogleドライブに保存するといいでしょう。

●本書の原稿もGoogleドライブに保存

Webサービス情報

Google ドライブ

- ジャンル … オンラインストレージ
- 提供元 … Google Inc.
- 価 格 … 無料
- URL https://drive.google.com/

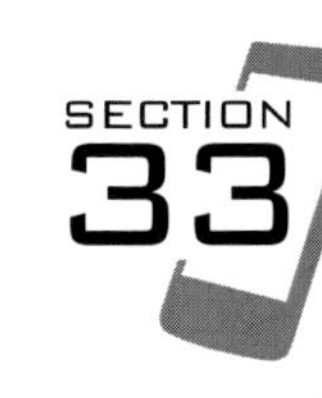

「twicca」で「Twitter」から情報収集する

twiccaで「いつでもどこでも」情報収集する

Twitterは中毒性があるようです。気を付けないと四六時中Twitterをチェックして、1日に何十ツイートもしてしまいます。情報収集ツールとしては、情報収集を目的とせず何気なく使っていて情報が得られるのがTwitterの特徴だと思います。セクション24で書いたように筆者はtwiccaというTwitterクライアントアプリを使っています。Twitterの場合、収集というよりは自然に情報が流れ込んでくるイメージです。

朝の通勤時間がtwiccaでの情報収集のメイン時間になっています。Twilogの統計情報を見ると、朝7時台のツイートが昼12時台に次いで多くなっています。スマホであれば電車内で立ったままでも片手で操作できます。昼休みもtwiccaをよく使う時間です。パソコンなどでTwitterを利用できない職場は多いと思いますが、スマホがあればTwitterを使うことができます。twiccaでタイムラインを流し読みしながら、気になるツイートがあれば、次のような方法で処理します。

- 公式リツイートする
- 引用して自分の言葉を足してツイートする
- スターを付けておく
- Evernoteに保存する

引用して自分のツイートを足したり、ツイートした人に返信したりすれば、ときどき、相手から返信が来たりします。そうすることでより深く情報を得

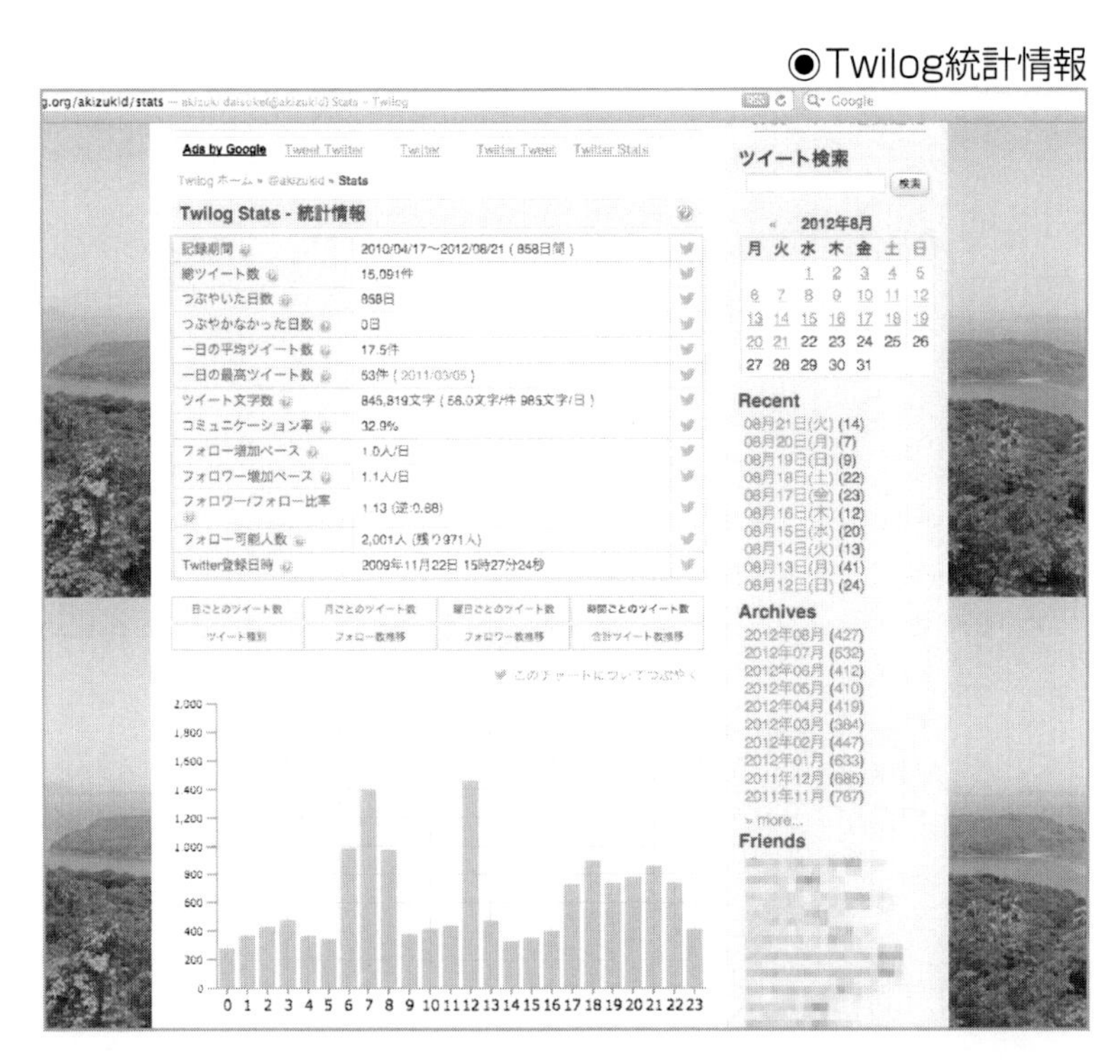

●Twilog統計情報

ることができることもあります。間違っていたら、突っ込みを受けた内容を認めて訂正すればいいのです。

スターを付けたツイートは、後からパソコンでブラウザを使ってTwitterから参照します。スターを付けるツイートの多くには、URLが含まれています。パソコンの大きな画面でリンク先を確認したいときにスターを利用しています。「あとで読む」（241ページ参照）のような使い方です。

twiccaプラグインでツイートをEvernoteに保存する

後で何か書いたり考えたりする材料として使いたいツイートは、Evernoteに保存します。twiccaには「Evernoteプラグイン」という便利なプラグインが存在します。Evernoteプラグインはtwiccaにツイートのクリップ機能を追加するプラグインです。

Evernoteプラグインがあれば、ツイートをタップしたときのポップアップメニューに「Evernoteにクリップ」が表示されます。それをタップして「OK」ボタンをタップすればあらかじめ設定したEvernoteのノートブックにツイートを保存するこ

twiccaプラグインでツイートをEvernoteに保存するには

1 保存するツイートの選択

❶ Evernoteに保存したいツイートをタップする。

2 クリップ先の選択

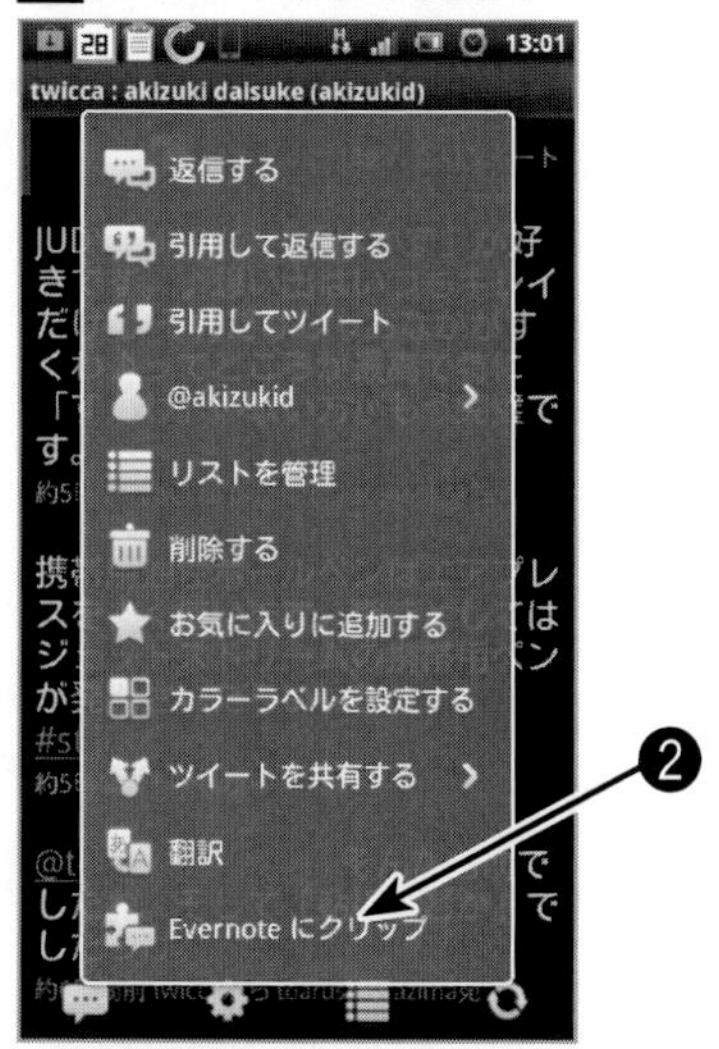

❷［Evernoteにクリップ］を選択する。

3 クリップの確認

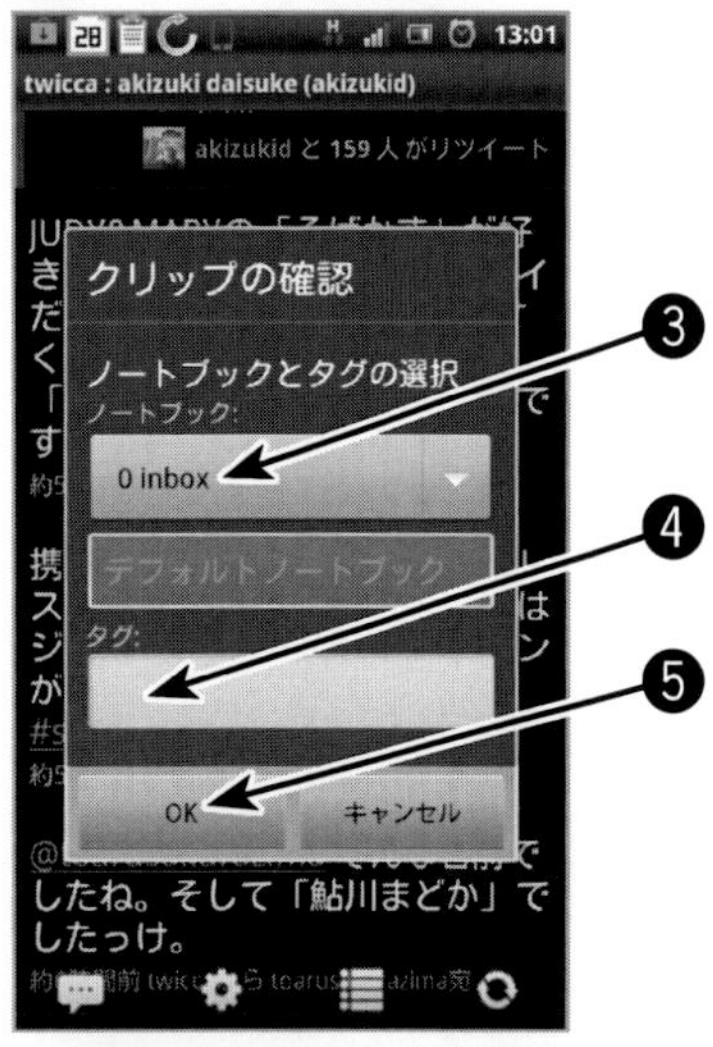

❸保存先のノートブックを選択する。
❹必要ならばタグを入力する。
❺［OK］ボタンをタップする。

4 保存の完了

❻Evernoteに保存された。

とができます。

Androidにはアプリ間の共有機能があるので、それを利用してもツイートをEvernoteに保存することは可能です。しかし、プラグインを利用した方がより簡単にきれいな形で保存することができるのでおすすめです。

保存先のノートブックは「0 inbox」に設定してあります。Evernoteを開いたときには必ずinboxを確認して処理をする、いわゆる「inbox zero」（157ページ参照）の作業をするので確認し忘れることはありません。保存したツイートは自分でコメントを加えたり、タイトルを変えたりしておくとより活用性が高まるでしょう。

リスト機能を使ってジャンルをまとめる

Twitterにはリスト機能があります。情報収集にTwitterを活用するには、リストをうまく使うといいでしょう。リストにはフォローしていないユーザーも登録できます。

筆者は、たとえば、「sports」「stationery」「lifehack」「politics」「medical」「university」「kagoshima」というリストを作成しています。同じユーザーを複数のリストに登録

することも可能なので、「鹿児島の文房具屋さん」というユーザーにも対応できます。リストのタイムラインを読めば、そのジャンルの情報を集中して得ることが可能になります。

何かのイベントがあるときには、関係者をまとめたリストを一時的に作るのもおすすめです。たとえばサッカーのW杯のときには、選手、現地観戦しているサポーター、解説者などをリストにまとめると便利です。

カラーラベルでユーザーを分類する

twiccaには、カラーラベルというオリジナル機能があります。カラーラベルはユーザーに色を付けることができる機能です。特定のユーザーのツイートが色付きで表示され、タイムラインの中でも目立つようにすることができます。わざわざリストに移動しなくても、ユーザーを区分することができますよね。

たとえば、確実に読みたいユーザーに赤色のラベルを付けておけば、タイムラインを高速で上下にフリックしながら赤色を目印にツイートを見逃すことがないでしょう。筆者はこの機能が大好きなのでtwiccaからはなかなか離れられません。

検索を使って情報収集する

Twitterにも検索機能があります。キーワード検索など普通に使うことができます。twiccaでも検索可能です。

twiccaの検索でよく使うのが、次の2つです。

● 「日本の話題」
● ハッシュタグ検索

「日本の話題」は今の話題を追いかけるのに便利です。テレビやサッカー観戦などに活躍します。見知らぬ多くのユーザーたちとの「今」の共有感を得られるのはTwitterの醍醐味の1つです。

たとえばテレビに俳優の生瀬勝久さんが出ていて、その眼鏡がかっこいい。手元のスマホからtwiccaを起動して「生瀬　眼鏡」で検索すると眼鏡のブランドがわかります。何人かの人が「FACTORY900ではないか」とツイートしています。twiccaがあるとリアルタイムの検索が便利です。

ハッシュタグ検索では「検索を保存」することもできますし、履歴からハッシュタグを選んで検索することも可能です。

ハッシュタグとは「#」を頭に付けた文字列のことです。たとえば「#android」というハッシュタグを付けてツイートすれば、同じハッシュタグをもつツイートと同じグループとみなされます。ハッシュタグ検索で「#android」を検索すると、情報を絞って検索できるわけです。ハッシュタグには「#鹿児島」のように日本語も使うことが可能です。

Twitterでの情報収集のコツ

Twitterで情報収集するコツは次のような点です。

- たくさんフォローする
- タイムラインをすべて読むことは諦める
- 意見が違うユーザーをフォローする
- どんどん呼びかける

●返信が来なくても気にしない

情報収集という意味ではどんどんフォローを増やすといいでしょう。フォローの数だけ情報源があるようなものです。

しかし、フォローが増えると必然的にタイムラインの流れは速くなります。タイムラインをすべて読むことは諦めた方がいいでしょう。タイムラインをすべて読むことを重視するのであれば、フォロー数を絞る必要があります。あるいは、「必読」ユーザーのみを集めたリストを作るのも1つの方法です。

また、自分の世界を広げるためには、自分と意見が違うユーザーをどんどんフォローすることをおすすめします。自分と考えが違う人のツイートが目に入ると嫌になることもあるかもしれません。どうしても嫌になったらそっとフォローを外せばよいのです。Twitterでそんなにがんばる必要はありません。

気になったツイートはどんどんリツイートしたり、引用して自分の言葉を加えてツイートしたりします。有名人であっても遠慮する必要はありません。Twitterはそういうものです。

そして、自分がツイートしたことは忘れてしまいましょう。相手から返信が来なくても気になりません。忘れた頃に返信が来ることもあります。リアルな人間関係の論理を脇に置いておいて「非人情」(夏目漱石『草枕』)に楽しむのがTwitterのコツのような気がします。

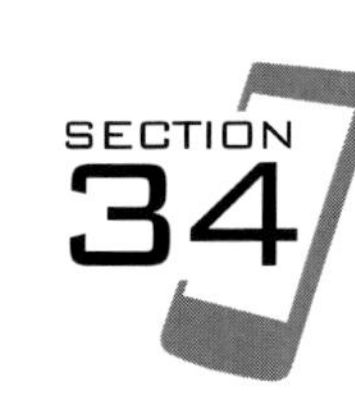

スマホで話題の情報をチェックする

誰かがまとめてくれた情報を活用する

ソーシャルなインターネットの世界では、多くの人がチェックしたりブックマークしたり言及した情報が価値を持つと判断されます。そこで、ソーシャルブックマークやまとめサイトが効率的な情報収集に役立ってきます。多くの人が読んだりコメントしたりした結果を誰かがまとめてくれているからです。これを利用しない手はありません。

そして、それらの情報を読むことができるアプリがAndroidにはあります。ここではそれらのサービスをいくつか紹介します。

TogetterでTwitterをまとめて読む

セクション33でTwitterを情報収集ツールとして考えてみました。難点はタイムラインをずっと見ておかないと複数のツイートで構成された「会話」を読めないところです。また、リアルタイムでタイムラインを見ておかないと後から読み返すのも難しいところです。

そこで「Togetter」というサービスが便利です。

Togetterは、Twitterの人力によるまとめサービスです。ユーザーが複数のツイートを自由に1つのページにまとめて、そのページを公開して共有することができます。

Togetterにより、フローだったTwitterの情報がストック化されます。画期的なソーシャルサービスだと思います。

◉Togetterの表示画面

たとえば有名人でよく連続ツイートするユーザーの場合、すぐに誰かがTogetterにツイートをまとめてくれます。自分でまとめることもありますが、もっぱら筆者は読むことの方が多いです。他力本願でよくありませんが。

スマホでTogetterを読む

スマホでTogetterを読むには、「TgViewer」という便利なアプリがあります。TgViewerはその名前の通り、TogetterをAndroidで読むためのビューアーアプリです。シンプルなUIで動作も軽く、Togetterでまとめられたページを読むのには快適です。

◉TgViewer「人気まとめ」一覧

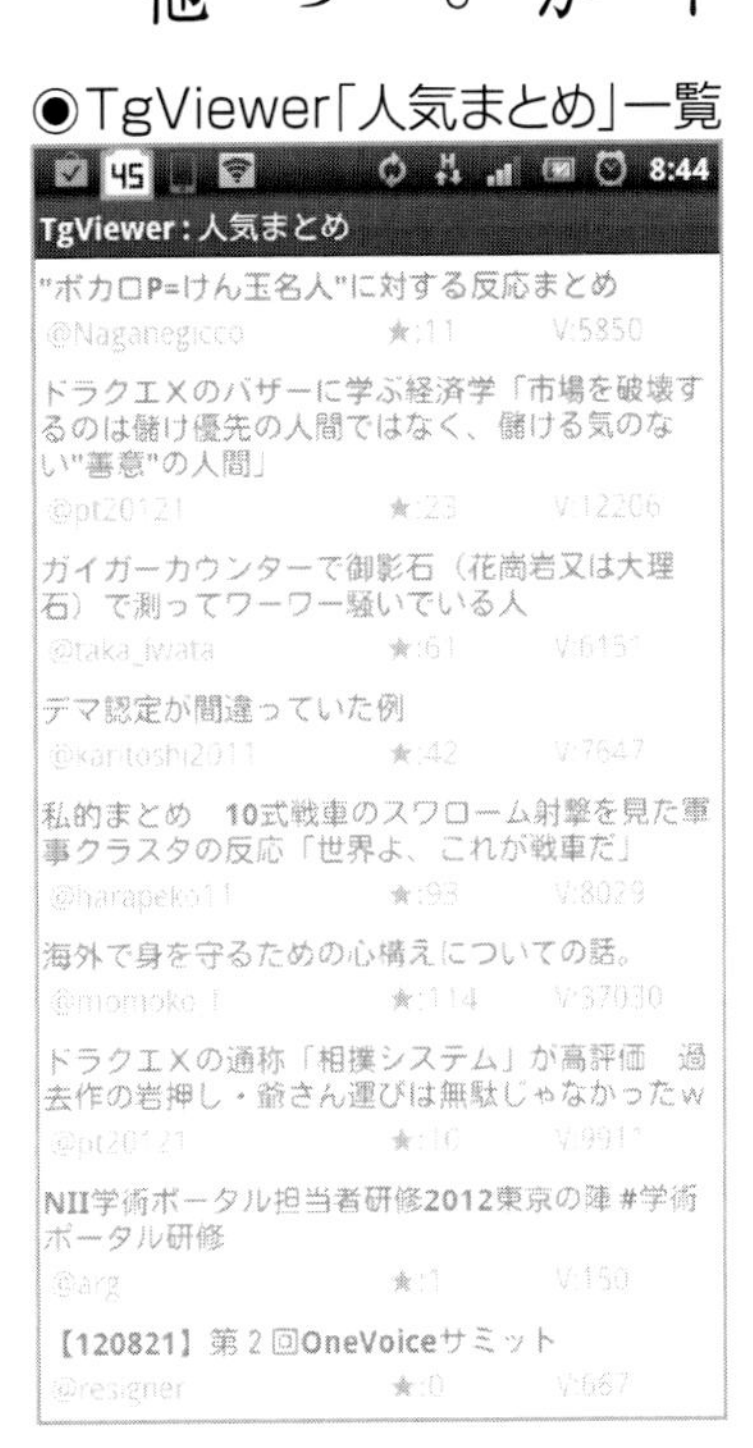

Androidアプリ情報
TgViewer

- ジャンル ･･･ ソーシャルネットワーク
- 提供元 ･･･ queile
- 価 格 ･･･ 無料

「人気まとめ」「新着まとめ」を読むことができます。キーワードで検索することもできます。そして、自分が読んだ履歴は保存されます。これがブックマークのように活用できるので便利です。目を通して残しておきたい履歴以外は長押しすることで個別に削除するといいでしょう。

Androidの共有機能を使って、まとめページをTwitterなどへ投稿することも可能です。

はてなブックマークで話題の情報をチェックする

「はてなブックマーク」も筆者の情報収集ツールの1つです。情報収集はできる限り他人の頭を使うという方針にぴったりです。

はてなブックマークは、代表的なソーシャルブックマークサービスです。オンラインでブックマークするだけではなく、ブックマークを共有したりコメントを付けることができます。

筆者は、「コンピュータ・IT」や「生活・人生」カテゴリの人気エントリーをよくチェックします。ライフハック系の人気記事はこれらに入っていることが多いからです。加えて自分の「お気に入り」をよく読みます。「お気に入り」では自分が選んだはてなブックマークユーザーのブックマークをまとめて読むことができます。自分と趣味や傾向が一致したり、ためになるユーザーを「お気に入り」に入れておけば、その人たちのブックマークを利用することができます。

Androidには、はてなが作った公式アプリがあります。

アプリでは、カテゴリごとの人気エントリーや「お気に入り」を読むことができます。記事は自分のブックマークにそのまま追加することもできます。ブックマークする際には、TwitterやFacebookに投稿

◉Android版はてなブックマーク

Webサービス情報
はてなブックマーク

- ジャンル・・・ソーシャルブックマーク
- 提供元・・・Hatena Inc.
- 価 格・・・無料

URL http://b.hatena.ne.jp/

Androidアプリ情報
はてなブックマーク

- ジャンル・・・ソーシャルブックマーク
- 提供元・・・Hatena Inc.
- 価 格・・・無料

することもできます。

Twitterに投稿しておけば、自動的にTwilogにストックされてブックマークのバックアップにもなります。あとで探すときにはTwilogを検索して記事を見つけることも可能になります。はてなブックマークとTwitterの両者を同時にデータベースにすることができます。

自分のブックマークについては検索機能があるので、どんどんブックマークしておくのも1つの活用法です。

「NAVERまとめリーダー」でまとまった情報収集をする

「NAVERまとめリーダー」とは、「NAVERまとめ」をスマホで読むことができるアプリです。「NAVERまとめ」は、インターネット上の情報を組み合わせて1つのページにまとめて、保存、紹介できるサービスです。NAVERまとめでも誰かがまとめてくれたページを読むことで効率的に情報収集できます。

「お気に入り」で情報をストックしたり、「フィード」で更新情報をチェックしたりする機能があります。NAVERまとめリーダーでも使うことができます。Googleリーダーやはてなブックマークもインポートしてまとめることができるようです。筆者は、複数の場所に情報がある方が便利で使いやすいと考えているので、あえてまとめることはせずにGoogleリーダー、はてなブックマークとNAVERまとめを使い分けています。

　使えるまとめページは「お気に入り」にストックしておくといざというときに使えます。タグも付けることができるので、「お気に入り」の数が増えたら絞り込むためのタグを工夫するとよいでしょう。

◉NAVERまとめリーダーの画面

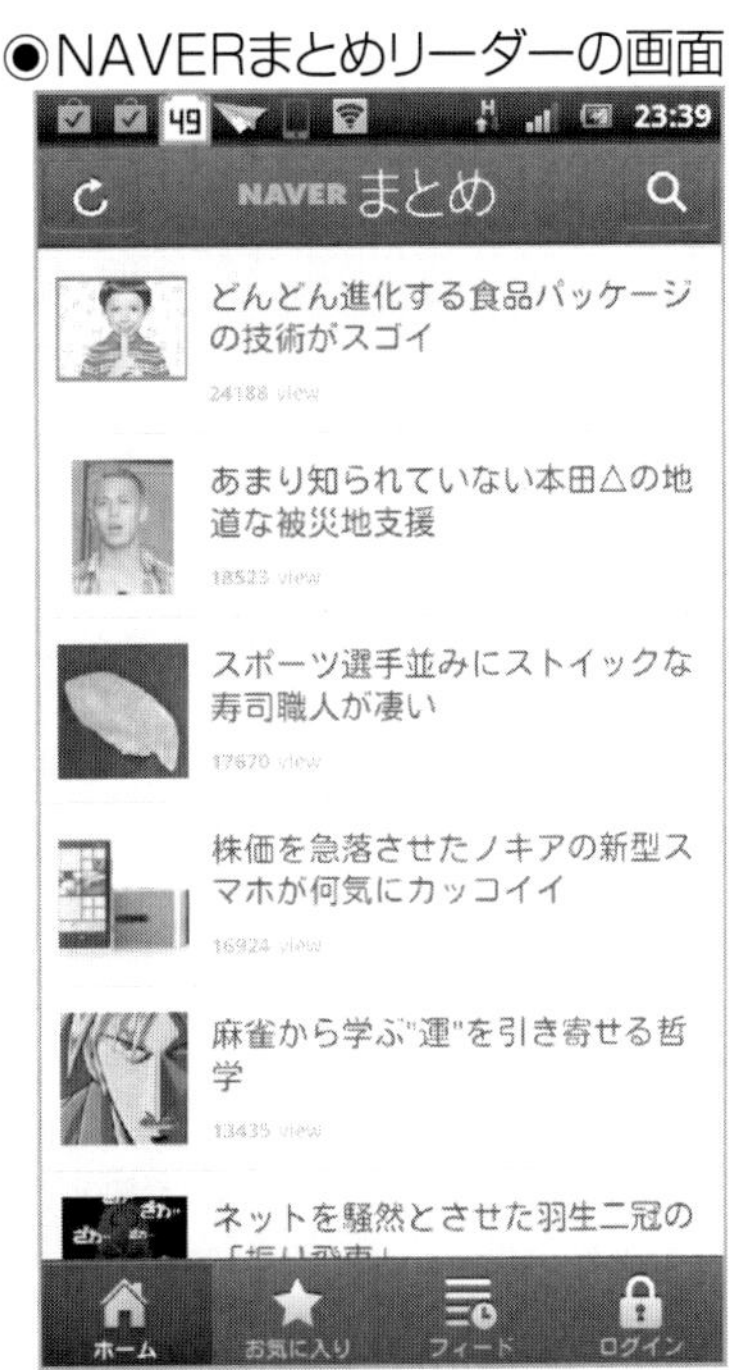

Webサービス情報

NAVERまとめ

- ジャンル ･･･ 情報収集
- 提供元 ･･･ NHN Japan株式会社
- 価 格 ･･･ 無料

URL http://matome.naver.jp/

- ジャンル ･･･ 情報収集
- 提供元 ･･･ NAVER
- 価 格 ･･･ 無料

「Facebook」でリアルな情報を集める

「Facebook」で情報を収集する

Facebookは世界を代表するソーシャルネットワーキングサービス（以下「SNS」）です。SNSとは、社会的な関係をインターネット上で構築できるサービスです。Facebookの他に、mixi、GREEなどがあり、ブログやTwitterなども広義ではSNSと言えるでしょう。

Facebookは実名登録が基本となっています。その点において筆者はTwitterと使い分けており、情報収集ツールとしても違ったものになります。

Facebook公式アプリ

AndroidにはFacebookの公式アプリがあります。投稿や閲覧、友達申請&承認など一通りの機能が備わっています。Facebookをシンプルに使っている筆者にはアプリで充分です。パソコンでFacebookを見ると情報量が多すぎる感覚があります。この辺はＵＩの好みになるでしょうか。

Facebookアプリにはお知らせ機能があるので、しょっちゅうアクセスする必要もありません。「お知らせ」がある場合、Androidではロック画面に「新しいお知らせ・・1」のように表示されます。アプリを中心にFacebookを利用した方がFacebook中毒や依存症を防止できそうです。

◉Facebookの画面

Webサービス情報

Facebook

- ジャンル ・・・ SNS
- 提供元 ・・・ Facebook, Inc.
- 価 格 ・・・ 無料

URL http://www.facebook.com/

グループを活用してリアルな情報収集

情報収集ツールとしてFacebookを見た場合、活用できるのが「グループ」機能です。

グループとは、Facebookで限定された場を作る機能です。グループ内の情報を非公開にできるので、いわゆる内輪の話をすることもできます（もちろんメンバーが情報を漏洩してしまえば公開されてしまいますが、それはFacebookの問題ではなく人間関係の問題です）。

ビジネスパーソンにとっては、同業者のグループなどに所属して情報を交換したりするのに便利でしょう。実名での情報でもあることから、リアルで正確な情

◉Android版Facebookのグループ機能

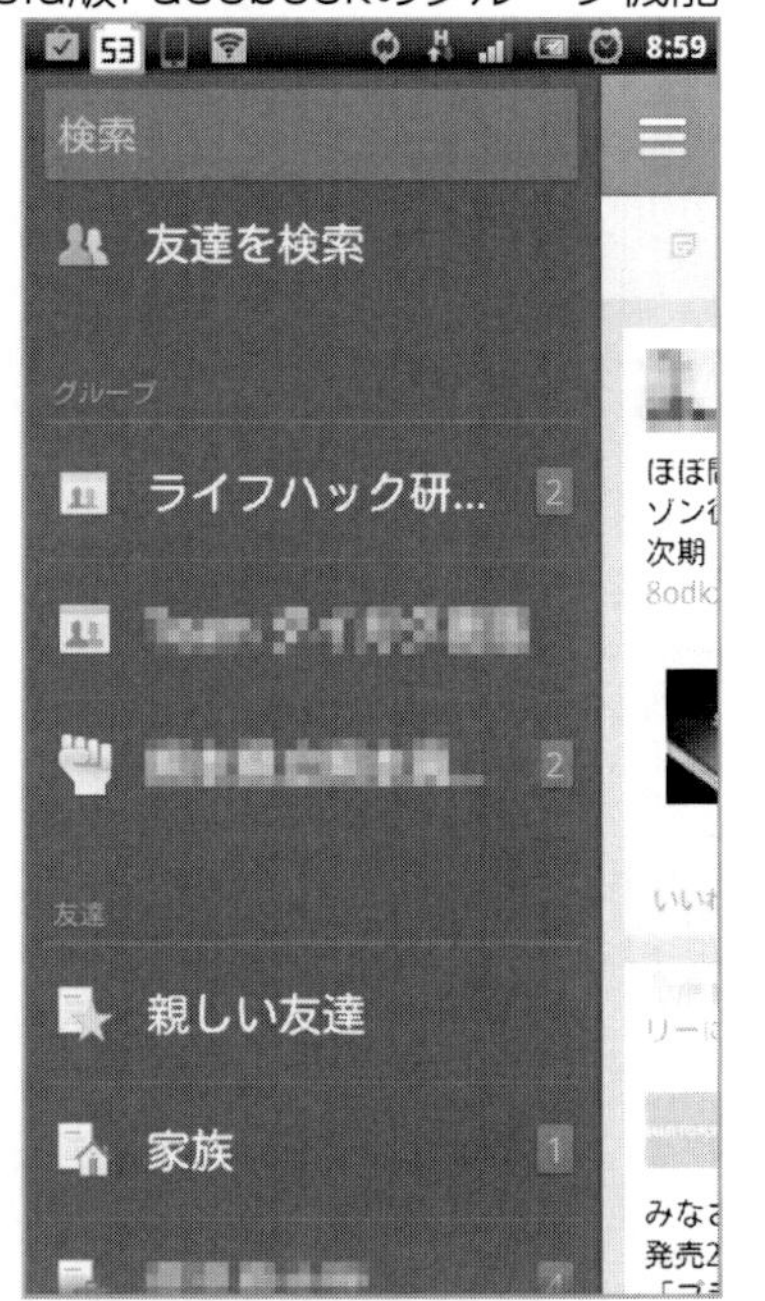

- ジャンル ・・・ SNS
- 提供元 ・・・ Facebook, Inc.
- 価 格 ・・・ 無料

報を得ることができます。アプリでもグループを参照したり、投稿したりコメントすることは可能です。

筆者は、同じ業界のグループ、高校の同級生のグループに参加しています。グループにアイデアを投稿して、コメントをもらいつつブラッシュアップしていくことができます。

ここでも情報収集のポイントは、自ら積極的に発言して情報を発信することです。情報をアウトプットする人に情報は集まる傾向があるようです。そして、発信をしなければ、みんなはあなたが何を考えているのか、わかりません。何を考えているのかがわかれば、人はいろいろなことを教えてくれます。

SNS時代の情報収集のコツとしては次のように言えるのではないでしょうか。

アウトプットが先にあって、後から良質なインプットが得られる

SNSは基本的には交流の場であり、そこでは交換の原理が働いています。ブログでもTwitterでもFacebookでも、「情報は惜しみなく与える」のがよさそうです。

少しずつ「友達」は増えていく

現在、Facebookにおける筆者の「友達」は40名程度です（家族も含まれます）。少ない方だと思います。これは、自ら積極的に「友達」を増やそうとしない方針が大きいです。基本的に受け身です。また「友達」の申請があっても、そう簡単には承認しません。そんな筆者に「知り合いですか？」機能はおせっかいですよね。

人間が社会的関係を維持できるのは150人程度という話を聞いたことがあります。たとえば、Twitterではフォロワーが1000名を超えているので、とてもみなさん1人ひとりを把握できていません。一方、Facebookでは把握できています。

TwitterとFacebookの使い分けについては、筆者も試行錯誤しています。現在はこんな感じですが、今後はまた変化するかもしれません。正解があることではなく、ユーザーそれぞれが自分にとってよいようにうまく活用することが一番ではないでしょうか。

おわりに

本書は、Androidスマートフォンを活用した仕事術の本です。

すべて筆者が経験して実践して来た方法を書きました。

リアルな実用書を志しました。

その試みがどの程度成功しているかは読者の方々の評価だろうと思います。今では実践していないこともありますが、別の誰かにとっては有用な場合もあると考え残しました。

また、執筆している中で書くことができなかったアプリなどもありますので、そういったものについては筆者のブログ「シリアル・ポップな日々」(http://d.hatena.ne.jp/akizukid/)などで補足していけたらいいなと考えています。


不思議なことに、成果というものは次々と実るもののようです。

本書の執筆中に様々な成果をあげることができました。仕事においてはFacebookを活用した自主的な勉強会がスタートしました。プライベートにおいては7月に第三子が無事に産まれました。9月には「ファミリーマネジメントジャーナル」（fmj）（http://fmj-jp.info/）という活動がスタートしました。筆者はその執筆者の一人として参加しております。ここでは家族や育児に関するライフハックについて発信しています。宣伝になりますが、こちらもよろしくお願いします。

そして、10月に本書が出版されます。生物として出産することができない筆者にとっては本書を執筆して出版されることが、妊娠・出産に近い経験になったと感じています。無精者である筆者にとって2012年は思いがけず「豊作」だった年として記憶されると思います。

●謝辞

まずは編集者の三浦聡さんに感謝します。三浦さんからのメールで本書はスタートしました。無名の筆者に声をかけていただいたことは本当にうれしいことです。その期待にどの程度応えることができたのか、自信はありません。しかし、なんとか書籍という形になって少しほっとしています。

そして、愛する妻にも感謝します。執筆中に出産を迎えるという、大変な時期に本を執筆するというプロジェクトを温かく見守ってくれました。これからも、妻や子どもといった家庭を最優先として、仕事やその他の活動に励んでいきたいと思います。

アキヅキ ダイスケ

2012年10月

●参考文献

デビッド・アレン　『はじめてのGTD ストレスフリーの整理術』（二見書房）
デビッド・アレン　『ストレスフリーの仕事術』（二見書房）
野口悠紀雄　『「超」手帳法』（講談社）
佐々木かをり　『佐々木かをりの手帳術』（日本能率協会マネジメントセンター）
レオ・バボータ　『減らす技術』（ディスカヴァー・トゥエンティワン）
スティーブン・R・コヴィー　『7つの習慣』（キングベアー出版）
和田哲哉　『文房具を楽しく使う［ノート・手帳篇］』（ハヤカワ・ノンフィクション文庫）
野口悠紀雄　『「超」整理法』（中公新書）
倉下忠憲　『EVERNOTE「超」仕事術』（小社刊）
ウィリアム・バロウズ　『裸のランチ』（河出文庫）
夏目漱石　『草枕』（小学館文庫）

■著者紹介

アキヅキ ダイスケ　子育てサラリーマンブロガー。

九州在住。妻1人、子ども3人。フルタイムの仕事を持ちながら、自己啓発活動としてFacebook、Twitter、ブログ等を駆使しつつ、デジタル／アナログツールを活用したライフハックを追求。あらゆる経験を仕事にフィードバックすることで、専門に留まらないビジネスパーソンを目指している。

家族や子育てのライフハックを提案する共同執筆ブログ「ファミリーマネジメントジャーナル」に参加。

TwitterのIDは"akizukid"。

●ブログ「シリアル・ポップな日々」
http://d.hatena.ne.jp/akizukid/
●共同執筆ブログ「ファミリーマネジメントジャーナル」
http://fmj-jp.info/

■本書について

●本書に記述されている製品名は、一般に各メーカーの商標または登録商標です。なお、本書では™、©、®は割愛しています。
●本書は2012年10月現在の情報で記述されています。
●紹介しているアプリは端末の機種や設定により、本書の内容通りに動作しない場合があります。

編集担当：吉成明久 / カバーデザイン：秋田勘助(オフィス・エドモント)

目にやさしい大活字
Androidスマホ&クラウド「超」仕事術

2015年1月9日　　初版発行

著　者　アキヅキ ダイスケ
発行者　池田武人
発行所　株式会社　シーアンドアール研究所
本　社　新潟県新潟市北区西名目所 4083-6(〒950-3122)
電話　025-259-4293　FAX　025-258-2801

ISBN978-4-86354-769-8 C3055